DINOSAU[illegible]OLOGY

하루 한 권, [illegible]

모리구치 미쓰루 지음 정혜원 옮김

식탁 위에서 시작하는 진화의 수수께끼

모리구치 미쓰루

작가이자 일러스트레이터다. 1962년 지바현에서 태어났으며, 지바대학교 이학부 생물학과를 졸업했다. 지유노모리가쿠엔 중 · 고등학교에서 이과 교사로 근무하다가, 2000년에 오키나와로 이주했다. 그 후 NPO학교 산고샤스콜레에서 강사로 활동했다. 오키나와대학 인문학부 어린이 문화학과 준교수 및 교수를 역임했으며, 2019년부터 현재까지 동 대학원의 학장을 맡고 있다. 주요 저서로는 『骨の学校 뼈의 학교1~3』〈木霊社〉, 『ゲッチョ昆虫記 겟초 곤충기』, 『冬虫夏草の謎 동충하초의 수수께끼』〈どうぶつ社〉, 『ゲッチョ先生の卵探検記 겟초 선생의 알 탐험기』〈山と渓谷社〉 등이 있다. 일명 '겟초 선생님'으로 통한다.

일러스트 니시자와 마키코

● 일러두기

1) 이 책은 일본 SB Creative에서 출간한 모리구치 미쓰루의 『フライドチキンの恐竜学』를 번역해 출간한 도서입니다. 국내 독자의 정서에 맞지 않은 내용은 최대한 바꾸고 다듬어 옮겼으나 불가피한 경우 원서의 예시를 그대로 사용했습니다.

2) 해부학 용어는 최대한 대한해부학회의 개정된 용어로 교정했습니다. 다만, 포유류나 인간에게 사용하지 않아 개정된 용어가 없는 경우나, 완벽히 대응하는 용어가 없는 경우 기존의 이름대로 표기하였음을 밝힙니다.

들어가며

학생이란 예상치 못한 말을 하는 존재다. 이과 교사가 된 지 20년이 넘었지만, 아직도 그렇게 생각한다. 나는 지금 오키나와의 현청 소재지인 나하 시에 산다. 남쪽에 있는 섬이지만 나하 시는 온통 콘크리트로 뒤덮인 도시다. 그곳에서 공립 중학교 1학년 학생을 가르칠 기회가 있었다.

"아는 새 이름을 말해 볼까?"

이 질문으로 수업을 열었다.

"백조요!"

맨 처음 나온 대답에 나는 웃고 말았다. 오키나와에 사는 아이 입에서 가장 먼저 나온 이름이 백조라니. 그 사실이 우습게 느껴졌다.

잠시 생각에 잠겼다. 도시화가 진행된 현대 사회를 살아가다 보면 일상에서 새와 만날 기회가 별로 없다. 그러니 오키나와 안에 서식하는 새든, 밖에 서식하는 새든 학생들에게 현실감 없이 다가오는 것은 매한가지일 것이다. 즉, 현대 사회에서 우리는 자연을 가상의 세계로 받아들이기 시작했다고도 말할 수 있겠다.

나는 자주 교실에 뼈를 가져간다. 그때마다 어김없이 나오는 말이 있다.

"그거 진짜예요?"

이 또한 그만큼 일상에 가상의 자연이 넘쳐 난다는 증거이리라. 바로 이와 같은 이유로 나는 매번 교실에 뼈를 가져간다. 뼈는 진짜 자연이기 때문이다.

뼈에는 그 동물이 걸어온 진화의 '역사'가 새겨져 있다. 뼈를 보면 그들이 어떤 '삶'을 살아왔는지 읽어낼 수 있다. 다만, 그 뼈에 새겨진 역사와 삶을 제대로 읽어낼 수 있을지 없을지는 뼈를 손에 넣은 사람의 능력에 달려 있다. 자연은 친절하지 않기 때문이다. 반대로 아무도 읽을 수 없던 이야기를 눈앞에서 알아차릴 가능성도 있다. '진짜' 자연 속에는 누군가가 준비한 것이 아닌 날것의 재미가 있다.

이러한 뼈를 초등학생에게 보여 줘도 예상치 못한 말이 나온다.

"그거 공룡이에요?"

맨 처음 그 말을 들었을 때는 "무슨 소리야."라고 말하며 살짝 정색하고 말았다.

"공룡은 멸종한 동물이야. 네 눈앞에 있는 뼈는 훨씬 신선하잖니. 자세히 보렴."

그런데 같은 대화를 여러 번 반복하는 사이, 조금씩 생각이 달라졌다. 공룡은 멸종한 동물이다. 그러나 초등학교 아이들에게는 친근한 존재다. 자연은 '인식'될 때 비로소 인간에게 의미가 된다. 도시화가 진행된 현대 사회는 자연 자체가 감소했고, 그 이상으로 인간은 자연과 무관한 생활을 하게 되었다. 그것이 자연의 가상화를 낳은 원인이라고 짐작해 볼 수 있다. 그렇다면 초등학생이 좋아하는 공룡은 자연을 인식하기 위한 하나의 귀중한 통로가 아닌가. 나는 그것을 깨닫게 된 것이다.

다만, 공룡은 지나치게 우리와 멀리 떨어져 있는 존재다. 진짜 화석을 직접 접할 기회가 거의 없다 보니, 그저 누군가의 정보를 주워들을 수밖에 없다. 공룡을 친근하게 느끼는 초등학생의 마음과 공룡의 현실을 멀게 느끼는 내 마음을 적당히 절충할 수는 없을까? 고민 끝에 생각한 것이 새 뼈에서 공룡의 흔적을 발견하려는 시도였다. 현대 어린이에게는 새 자체가 거의 가상의 존재나 다름없다. 그러니 모두가 아는 새를 바탕으로 공룡에 대해 고찰해 보기로 했다. 그리하여 선택한 것이 바로 닭이다. 프라이드치킨을 먹고 나면 반드시 뼈가 남는다. 나는 그 뼈에서 공룡을 찾을 수 있다고 생각했다.

프라이드치킨 뼈에서 정말 공룡을 찾을 수 있었는지는 부디 본문에서 확인해 주시기를 바란다. 어쨌거나 우리는 결코 자연과 무관한 생활을 할 수 없음을 새삼 실감했다. 하다못해 식탁 위의 치킨 뼈에도 '진짜' 자연이 숨어 있기 때문이다.

모리구치 미쓰루

목차

3장 프라이드치킨 뼈 탐험

4장 귀뼈와 눈뼈로 보는 역사

5장 새의 분류를 생각하다

6장 달리는 새들의 뼈

1장

치킨 뼈에서 공룡을 찾다

뼈 학교

"골다공증 이야기를 하려는 건가?"

할머니 한 분이 물었다며, 히가 씨가 웃는 얼굴로 말했다. 오키나와 본섬 북부에는 '얀바루'라고 부르는 지역이 있다. 그곳의 작은 박물관에서 연락이 왔다. 지역민을 위한 강연을 해 달라고 했다. 박물관 담당자인 히가 씨는 내게 이렇게 물었다.

"제목은 어떻게 할까요?"

"뼈 학교…로 하죠." 히가 씨의 질문에 나는 이렇게 대답했다.

"뼈 학교요?" 히가 씨가 되물었다.

"대체 어떤 강연을 하시려는 건가요?"

그 후 강연회를 홍보하기 위해 마을을 돌던 히가 씨에게 한 할머니가 '골다공증 강연'이냐고 물었다고 한다. 참고로 예전에 비슷한 주제로 강연했을 때는 "뼈? 유적지에서 나온 사람 뼈 말이야?"라는 질문을 받은 적도 있었다. 하지만 둘 다 아니다. 내 강연은 오로지 동물 뼈에 관한 것이다. 특히, 이 책에서는 닭 뼈를 주제로 삼고자 한다.

'닭 한 마리로 프라이드치킨을 만들면 총 몇 조각이 나올까?'

'닭 날개에는 손가락이 몇 개 있을까?'

'닭 뼈 중에서 물에 뜨지 않는 것은 무엇일까?'

지금부터는 이런 이야기를 조금 해 볼까 한다. 만약 지금 열거한 문제에 술술 답을 할 수 있다면 당신은 뼈를 아주 좋아하는 사람일 것이다. 하지만 잘 몰라서 고개를 갸우뚱하는 사람이 대다수이지 않을까? 그런 사람이야말로 반드시 이 책을 읽기를 바란다.

나는 지금 오키나와현 나하시에 살고 있다. 직업은 교사이며, 전

'뼈 학교'라는 말을 들으면 무엇이 떠오르는가?

공은 이과. 그중에서도 생물이다. 뼈는 좋은 교재다. 나는 수업 시간에 학생들에게 여러 동물의 뼈를 보여 준다. 심지어 뼈가 든 배낭을 짊어지고 전국 각지의 학교나 관찰 모임을 찾아가기도 한다. 뼈를 낯설어하는 독자는 이 말에도 고개를 갸우뚱할지 모른다. 하지만 실제로 보면 누구나 뼈의 매력에 사로잡힐 것이다. 게다가 뼈는 워낙 단단해서 배낭에 넣고 다녀도 잘 부서지지 않는다. 심지어 기내에 가지고 탈 수도 있다.

이처럼 배낭 속 뼈를 보여 주며 이야기하는 일에 나는 '뼈 학교'라는 이름을 붙였다. 내가 선보이는 뼈는 매번 다르다. 얀바루의 박물관을 찾았을 때는 닭이 아니라 바다에 사는 동물의 뼈를 두고 이야기하기로 마음먹었다. 박물관에 듀공 뼈가 전시되어 있다는 말을 들었기 때문이다. 무슨 이야기를 할지 고민하면서 배낭 안에 여러 가지 뼈를 챙겨 두었다. 큰머리고래의 머리뼈만큼은 배낭에 들어가지 않아서 큰 상자에 담아가기로 했다.

"새?"

"악어?"

"강아지다!"

"몽구스 아니에요?"

"뱀인가?"

박물관에 모인 아이들에게서 여러 가지 대답이 나왔다. '뼈 학교'에 모이는 학생은 대체로 어린이다. 이때도 대략 3세부터 초등학교 6학년까지 얼추 서른 명의 어린이가 모였다. 바다 동물에 관해 이야기하려고 마음을 먹고 갔지만, 일단 모두가 잘 아는 실제 동물의 뼈부터 보여 주기로 했다. 그래서 뼈 하나를 들고 아이들 사이를 돌았

뼈는 갖고 다녀도 잘 부서지지 않는다.

다. 길이가 12센티미터쯤 되는 머리뼈였다. 그 머리뼈 하나만으로도 실로 다양한 이름이 터져 나왔다. 이때, 유독 활달했던 미즈키가 이렇게 외쳤다.

"공룡!"

내가 보여 준 것은 너구리의 머리뼈였는데…. '뼈' 하면 어른들은 골다공증이나 유적지의 사람 뼈를 떠올린다. 하지만 뼈라는 말에 아이들이 머릿속에 떠올리는 것은 바로 '공룡'이었다.

가난한 자의 공룡

"공룡은 이미 멸종한 동물이란다."

뼈 학교를 갓 시작했을 무렵에는 아이들이 공룡이라고 대답할 때마다 쓴웃음을 지으며 일러 주었다. 그런데 하도 그런 말을 자주 듣다 보니 생각이 바뀌었다. 아이들에게 공룡의 존재가 제법 크다는 사실을 깨달은 것이다. 돌이켜 보면 나도 어린 시절에는 공룡에 푹 빠졌던 때가 있었다.

이상하게도 아이들은 공룡을 무척 좋아하는데 어른들은 별 관심이 없다. 뼈 학교를 여는 나조차 공룡에는 별로 흥미가 없었다. 그런 만큼 아는 것이 없었던 것은 당연하다. 그런데 뼈 학교를 운영하는 사이 내가 아이들과 다르게 공룡에 무관심하다는 사실이 신경 쓰이기 시작했다. 공룡을 '졸업'한 어린 시절 이후, 처음으로 공룡에 흥미가 생겼다.

도서관에 가서 닥치는 대로 몇 권인가 공룡 책을 빌려 왔다. 쭉 훑

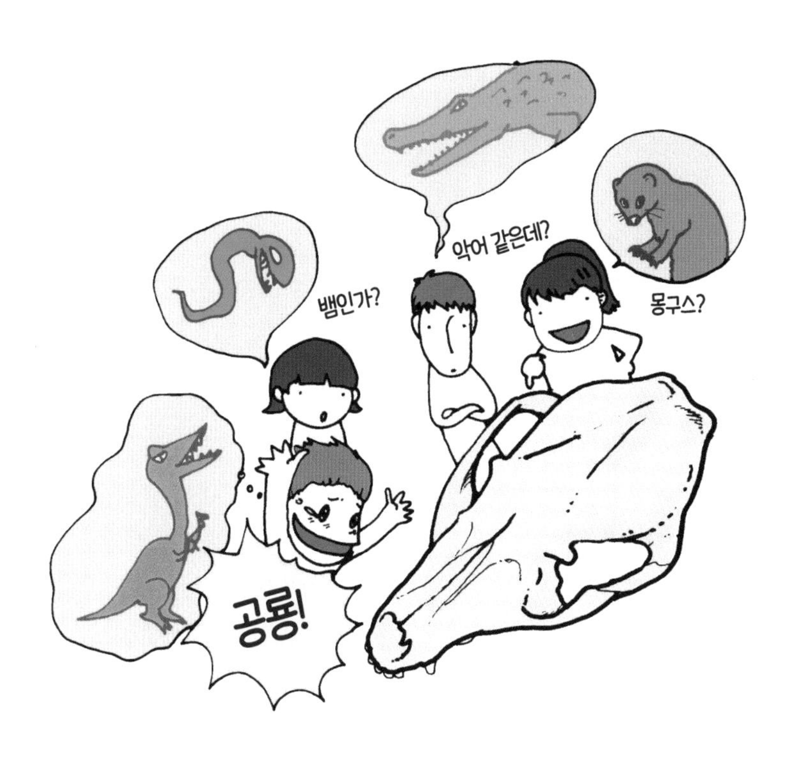

"공룡!" ……아니, 실은 너구리의 머리뼈다.

어보는데 그중 한 권인 『The evolution and extinction of the dinosaurs 공룡의 진화와 멸종』에 다음과 같은 내용이 적혀 있었다.

유명한 공룡 중에 트리케라톱스라는 종이 있다. 뿔이 세 개 달린 초식공룡이다. 그 공룡의 뼈를 발굴해 집에 진열하는 데는 과연 얼마만큼의 시간과 비용이 들까? 조사에 한두 달 반, 발굴에 다시 한두 달, 그리고 뼈를 수습해 진열할 수 있게 되기까지 일이 년. 그동안 필요한 비용은 얼추 20만~25만 달러.

대충 이런 내용이었다.

공룡 뼈는 겁이 많은 사람뿐만 아니라 지갑이 가벼운 사람도 손에 넣을 수 없다!

쐐기를 박듯 이런 문장까지 덧붙여져 있었다. 한숨이 절로 나왔다. 나는 겁이 많은 데다가 가난하기까지 했다. 실제로 내가 가진 공룡 뼈라고는 친구가 준 작은 뼛조각 하나뿐이었다. 그래도 그 문장을 읽은 덕분에 어째서 내가 공룡에 대한 흥미를 잃었는지 어렴풋이 알게 되었다.

'공룡은 다른 세계의 생물'이라는 것. 성장함에 따라 공룡에 대해 그런 이미지를 가지게 되었다. 공룡은 도감 속에서나 보는 것이고, 아니면 기껏해야 몇 년에 한 번 박물관 전시에서나 보는 것. 내 손으로 직접 만져 볼 수 없는 이른바 '가상의 생물'이라는 인식에 사로잡혀 있었다.

공룡 책을 읽으면서 새삼 그 사실을 깨달았는데, 또 한편으로는 내면의 반발심이 슬며시 고개를 쳐들었다. '공룡이 부자의 것이라고? 그럼 가난한 자를 위한 공룡은 없나?' 문득 이런 궁금증이 일었다. 그때 어떤 말이 머릿속을 스쳐 지나갔다.

'새는 공룡의 직계 자손이다.'

빈약한 지식이지만 공룡에 대해 보고 들은 것을 총동원하니 어디

트리케라톱스 한 마리의 화석을 통째로 진열하는 데 드는 비용은?

선가 그런 문장을 읽은 기억이 났다. 하지만 마음에 걸리는 것이 있었다. 아이들에게 새 뼈를 보여 줘 봤자 공룡으로는 보이지 않을 터였다. 새와 공룡은 밀접한 관련이 있다지만 솔직히 나도 겉으로 봐서는 잘 모르겠다. 새는 그냥 새일 뿐이니까.

무엇보다 새는 온몸에 깃털이 달려 있다. 날기 위해 퍼덕일 수 있는 날개도 있다. 꼬리도 퍽 짧다. 그 모습은 공룡과 사뭇 다르다. 너구리의 머리뼈를 보고 아이들이 공룡이라고 외친 이유는 이빨이 쭉 돋아 있기 때문이다. 이빨 대신 부리가 달린 새의 머리뼈는 그냥 새처럼 보일 뿐이다.

뼈 학교에서 고래 머리뼈를 아이들에게 보여 주면 마찬가지로 '공룡 아니에요?'라는 말이 나온다. 뼈가 크기 때문이다. 그에 비하면 새는 상당히 작은 생물이다. 그래도 새는 공룡의 후손으로 알려져 있다. 어디 그뿐인가. 최근 학설 중에는 단순히 공룡의 후손일 뿐만 아니라, 공룡 그 자체라는 견해도 있다. 그 근거는 대체 무엇일까?

수수께끼의 새 사체

"이게 무슨 새인지 알고 싶어서 왔어요."

'가난한 자의 공룡 프로젝트'를 기획하기 시작했을 무렵, 친구인 스기모토가 우리 집에 찾아왔다. 나보다 열 살쯤 적은 그는 프리랜서 환경조사원이다. 원래 고베 출신인데, 풍요로운 자연에 이끌려 오키나와에 정착할 만큼 무척이나 생물을 좋아하는 사람이다. 전문 분야는 메뚜기나 여치 같은 곤충이지만, 새에 대해서도 그만큼 잘

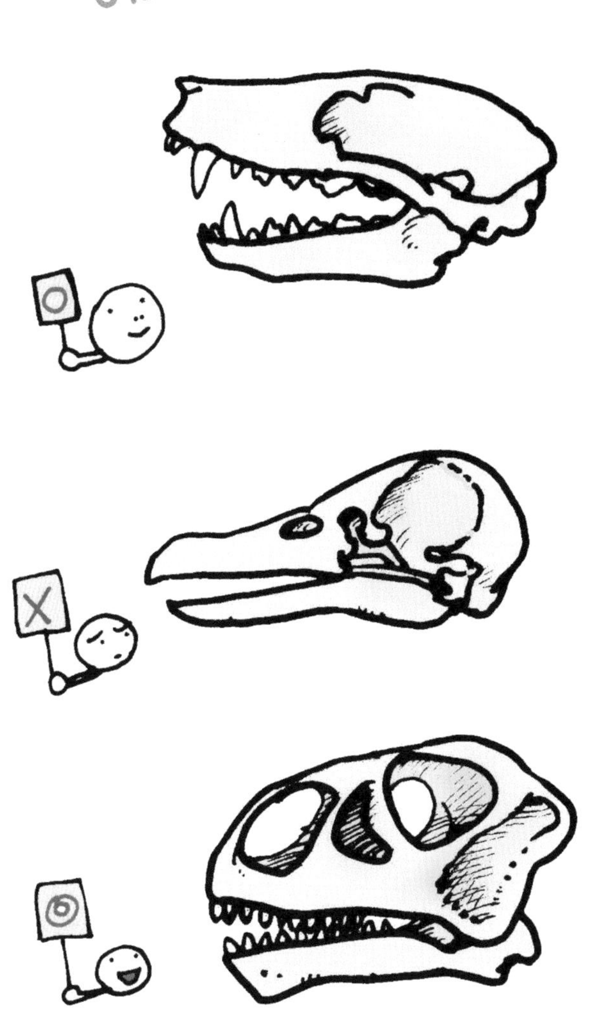

새는 공룡의 직계 자손이지만 머리뼈를 보면 전혀 '공룡 같지' 않다

안다. 그런 그가 일부러 내게 새의 정체를 물으러 온 이유는 발견한 새가 백골이었기 때문이다. 바닷가에서 주웠다고 했다.

나는 새에 대해서는 잘 모른다. 주운 것이 갓 죽은 새였다면 그는 결코 내게 오지 않았으리라. 아무리 새를 잘 아는 사람이라도 뼈만 봐서는 어떤 종인지 알 수 없다. 언젠가 사이타마에 사는 생물 애호가 친구가 '집 근처에서 새 뼈를 주웠는데 누구 뼈일까?'라는 메모와 함께 작은 새 뼈를 보낸 적이 있다. 뼈의 주인은 참새였다. 날개가 달려 있었다면 누구든 참새임을 바로 알아차릴 수 있었을 것이다. 하지만 뼈만 남아 있다면 알 수 없다. 나도 잠깐 보고서 누구 뼈인지 알아맞힐 만큼 감식안이 뛰어나지는 못하다. 감정을 의뢰받았을 때는 실제 뼈와 비교하는 것이 제일 좋다. 참새든 뭐든 날개가 아직 떨어지지 않아 정체가 확실한 단계에서 뼈를 분리해 두면 뼈만 보고 감정해 달라는 의뢰가 왔을 때 표본과 비교할 수 있다. 평소 나는 뼈라면 무턱대고 모으는 습관이 있다. 그래서 '가난한 자의 공룡 프로젝트'를 떠올리기 전부터 내게는 모아둔 새 뼈가 꽤 많았다.

"이거 왕새매 아닐까요."

스기모토가 말했다. 왕새매는 매의 일종이다. 가을이 되면 겨울을 보내기 위해 일본 본토에서 오키나와로 무리 지어 건너온다. 옛날에는 그런 왕새매를 잡아먹는 관습도 있었기에 오키나와에서는 친근한 새 중 하나다.

"왕새매? 왕새매치고는 큰데…."

다행히 내게는 왕새매의 뼈도 있었다. 바닷가에서 주운 사체로 만든 표본이었다.

"역시 아니야."

우리에게 익숙한 참새지만 뼈만 남아 버리면 그 정체를 쉽게 알 수 없다.

실물과 비교하는 방법은 효과적이었다. 머리뼈만 봐도 왕새매가 아니라는 것을 금방 알아차릴 수 있었다. 수리과 동물인 왕새매의 부리는 끝이 뾰족하고 아래로 휘어져 있다. 하지만 스기모토가 주워온 새의 부리는 그런 모양이 아니었다. 그리고 몸집이 왕새매보다 조금 컸다.

"자세히 보니 발톱도 매 같지 않네요.."

유심히 뼈를 들여다보던 스기모토도 왕새매가 아니라는 데 동의했고, 이로써 왕새매가 아니라는 결론이 내려졌다. 그렇다면 대체 누구의 뼈일까? 잠시 뼈를 바라보다가 우리는 거의 동시에 새의 정체를 떠올렸다.

"혹시… 닭인가?"

집에 참새 뼈도 있고 왕새매 뼈도 있는데, 의외로 닭 뼈는 없었다. 참새는 교통사고 당한 것을 길에서 주웠고 왕새매는 오키나와로 건너오다가 죽은 것을 바닷가에서 주웠다. 하지만 닭은 어디에서 줍는단 말인가? 스기모토가 뼈를 바닷가에서 주워 왔다는 사실도 새의 정체를 금방 알아차릴 수 없었던 원인 중 하나로 작용했다. 물론, 그 후로는 집중해서 봤더니 바닷가에 나뒹구는 닭 사체가 종종 눈에 들어왔지만 말이다. 아무튼 나는 이 일을 계기로 참새뿐만 아니라 닭도 뼈만 남으면 정체불명의 새가 되고 만다는 사실을 몸소 깨달았다. 그리고 나는 스기모토에게 감사히 닭 뼈를 넘겨받았다.

닭 뼈 일부에는 아직 살가죽이 들러붙어 있었다. 깨끗한 골격 표본을 만들기 위해서는 일단 냄비에 삶아야 한다. 우리 집에는 그럴 때 쓰는 냄비가 크기별로 다양하게 갖춰져 있다. 오래된 사체는 삶을 때 냄새가 날 수도 있다. 닭 뼈가 딱 그랬다. 그럴 때는 가스레인

왕새매 머리뼈(위)와 닭 머리뼈(아래)는 생김새가 다르다.

지 환풍기를 켠 채 삶거나, 베란다에서 휴대용 버너로 삶으면 된다. 충분히 삶으면 들러붙어 있던 살가죽이 떨어진다. 그러면 삶은 물을 버린 뒤 뼈를 꺼내서 물이 담긴 용기 속에 넣는다. 이때 물에 풀어야 하는 것이 시중에서 파는 알약 형태의 틀니 세정제다. 보통 500밀리리터 정도 되는 페트병 하나 분량의 물에 두 알 정도 넣는데, 양은 적당히 맞추면 된다. 틀니 세정제에는 단백질 분해 효소가 함유되어 있어서 뼈에 붙은 살점이나 가죽을 분해하고 얼룩을 지워 준다. 그 상태로 며칠 두었다가 충분하다 싶으면 뼈를 건져 건조한다. 아직 때가 빠지지 않은 것 같으면 용액을 교체하고, 좀 더 담가 놓거나 칫솔과 핀셋으로 뼈를 닦는다. 그렇게 처리한 뼈는 용도에 따라 해체하거나 조립해서 보존한다. 충분한 처리를 거쳐 건조한 뼈는 냄새가 안 날뿐더러, 딱히 손질하지 않아도 곰팡이가 생기지 않는다. 스기모토가 제공한 닭 뼈는 처리를 마친 후 발끝과 날개 끝만 조립했다.

'새는 가난한 자의 공룡인가?'

그런 생각을 하던 내 눈에 닭 뼈는 하늘이 내린 선물처럼 보였다. 그 뼈를 이용해 곧장 시도한 것이 있다.

손 · 발가락뼈는 몇 개일까?

아이들과 그의 부모들을 데리고 얀바루로 향했다. 나하에서 얀바루까지는 차로 두 시간쯤 걸린다. 가는 길에 버스 안에서 뼈 학교를 열었다. 얼마 전 스기모토에게 받은 닭 뼈를 선보일 기회였다.

뼈 표본 만드는 법

뼈 표본을 만들 때는 보통 냄비에 삶아 대강 살점을 제거한다.
깨끗이 세척하려면 틀니 세정제를 푼 물에 뼈를 담가 둔다.

"이건 닭 날개랍니다. 인간으로 치면 손에 해당하는 부위지요. 그래서 손가락도 달려 있어요. 그럼 닭에게는 손가락이 몇 개 있을까요"

버스 안의 사람들에게 물었다. 결과는 다음과 같았다.

1개……1명
2개……2명
3개……4명
4개……10명
5개……2명

다들 닭의 손가락 개수에 대해서는 생각해 본 적이 없는 눈치였다. 이때는 네 개라고 대답한 사람이 가장 많았다. 이것은 일반적인 경향에 가까웠다. 그 후 총 아홉 번의 뼈 학교에서 같은 질문을 했는데, 집계 결과가 다음과 같았기 때문이다.

1개……4명
2개……19명
3개……105명
4개……180명
5개……81명

그런데 과연 몇 개가 맞을까?

내가 뼈 학교에서 자주 하는 말이 있다. "뼈에서는 역사와 삶이 보인다!" 생물은 크게 두 가지 측면에서 검토해야 한다는 의미다. 하나는 진화라는 시간적 측면, 다른 하나는 생태라는 공간적 측면이다. 뼈의 모양은 조상으로부터 어떤 것을 물려받았는가, 그리고 어떤 환경에서 어떤 생활을 하는가에 따라 결정된다.

닭 날개에는 손가락이 몇 개 있을까?

……정답은 세 개!

오키나와의 식탁에 자주 오르는 음식 중에는 '데비치'라는 것이 있다. 돼지 다리를 푹 삶아 만든 오키나와식 족발로, 거기에는 당연히 발가락이 달려 있다. 그런데 닭 날개에 손가락이 몇 개인지 모르듯 데비치를 자주 먹는 사람이라 해도, 돼지 발에 발가락이 몇 개인지 잘 모른다.

돼지의 발가락은 네 개다. 우리 인간은 손 · 발가락이 다섯 개인데, 이것이 포유류의 기본적인 손 · 발가락 개수다. 왜일까? 이는 역사와 관련이 있다. 포유류의 공통 조상은 원래 손 · 발가락이 다섯 개였다. 그런데 돼지처럼 개수가 줄어든 포유류가 많다. 왜냐하면 땅 위를 달리는 삶에는 다섯 개의 손 · 발가락이 적합하지 않기 때문이다. 우리는 평소 발바닥 전체를 땅에 대고 걷는다. 하지만 달릴 때는 발꿈치를 들고 발끝으로만 땅을 딛게 된다. 바꾸어 말하자면, 적에게서 달아나는 일이 중요한 초식동물은 발꿈치를 든 것이 일상적인 자세라는 의미다.

그렇다면 손으로 간단한 실험 한 가지를 해 보자. 손바닥을 책상에 딱 붙인 채 걷는 것이 인간의 방식이다. 손목을 발꿈치라고 가정하고 들어 올리자. 그러면 가장 먼저 책상에서 떨어지는 것이 엄지다. 이러한 엄지가 퇴화한 유형의 동물이 바로 돼지다. 또한, 달리기를 중시하다 보면 발꿈치를 더 높이 들어 올리게 된다. 그에 따라 땅에 닿는 발가락 개수도 네 개에서 세 개, 세 개에서 두 개로 줄어든다. 그런 모양의 발을 가진 유형이 소나 염소다. 거기서 더 줄어들어 중지 하나만으로 땅을 딛게 된 유형에는 말이 있다.

그럼 다시 처음 질문으로 돌아가 보자. 닭의 손 · 발가락은 몇 개일까? 그것에는 역사와 삶 중 무엇이 더 많이 반영되어 있을까?

손발가락의 기본형은 다섯 개다.

역사를 쭉 거슬러 올라가면 닭의 조상은 어디선가 인간의 조상과 만나게 된다. 척추동물은 원래 바다에서 태어났다. 이윽고 물고기는 양서류와 파충류로 나눠 진화했다. 맨 처음 육지에 오른 양서류는 손 · 발가락이 아직 다섯 개로 고정되지 않아 여섯 개에서 여덟 개 사이인 것도 있었다고 한다. 리처드 도킨스의 『The Ancestor's Tale: A Pilgrimage to the Dawn of Life 조상 이야기—생명의 기원을 찾아서』에 따르면 인간과 새의 공통 조상은 약 3억 1천만 년 전의 파충류라고 한다. 물론, 엄밀히 말하자면 도킨스는 파충류가 아니라 '석형류'라고 했지만. 아무튼 이 공통 조상의 손 · 발가락은 이미 다섯 개로 고정되어 있었다. 즉, 우리의 손 · 발가락 개수에는 3억 년 이상의 역사가 담긴 셈이다. 그러니 인간은 적어도 손 · 발가락 개수에 관해서 만큼은 보수적인 생물이라고 해야 할까. 그러니까 닭도 조상을 더듬어 올라가면 처음에는 손 · 발가락이 다섯 개였던 셈이다.

닭은 닭일 뿐

닭의 손가락 개수에 대한 정답을 말하자면 '세 개'다. 어째서 닭의 손가락은 세 개일까? '셋'이라는 숫자는 닭의 역사와 관련이 있다.

공룡을 조사하는 사이, 나는 공룡의 정의에 다다랐다. 히라야마 렌의 저서인 『最新恐竜学 최신 공룡학』에는 공룡을 이렇게 정의하고 있다.

골화한 가슴뼈, 엉덩이뼈가 세 개로 증가함, 골반의 관골부가 움푹 팬 것이 아니라 아예 뻥 뚫려 있음….

하지만 아무리 그렇다고 해도 공룡이라는 생물이 주는 이미지에

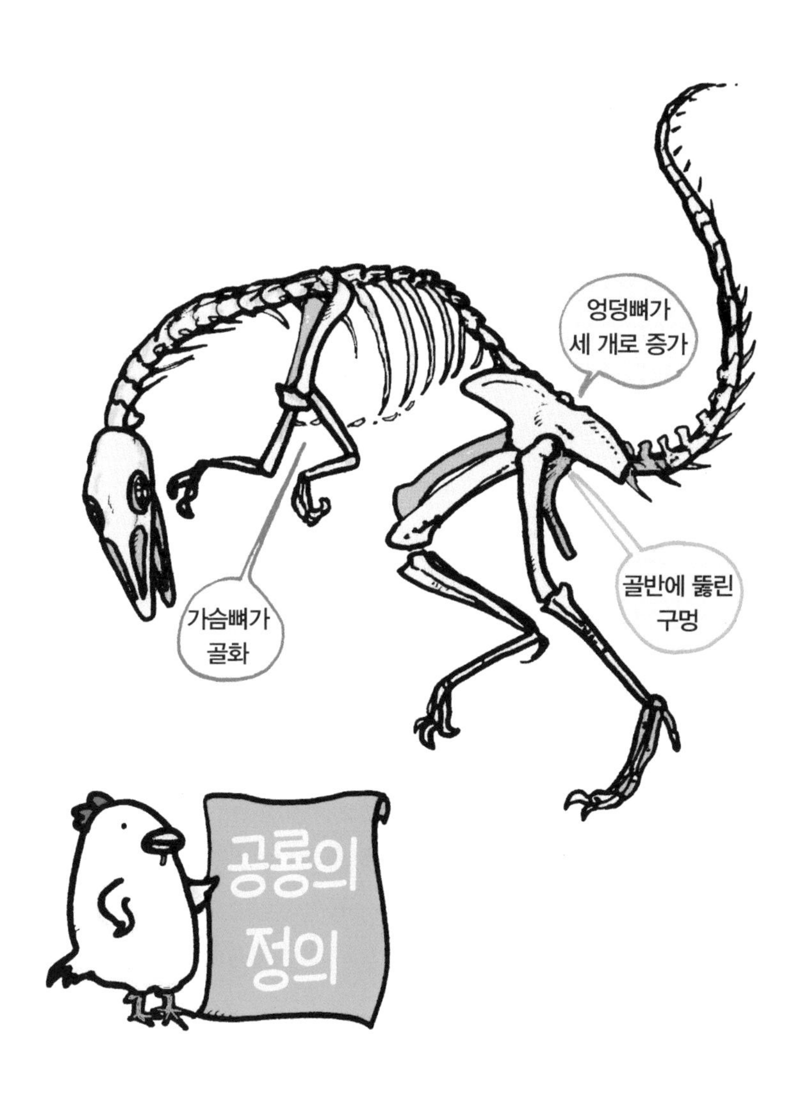

공룡의 정의는 뼈의 세부적인 특징에서 비롯되었다.

비하면 어쩐지 너무 추상적인 느낌이 든다. 아무리 공룡의 정의를 읽어 보아도 공룡의 모습이 전혀 떠오르지 않는다. 그런데 딱 하나, 눈길을 끄는 것이 있었다.

앞발의 약지와 소지가 퇴화하거나 사라져서 나머지 세 개의 발가락만 기능한다.

이 문장을 읽고 무릎을 쳤다. 흔히 새는 공룡의 직계 자손으로 알려져 있다. 그런 새의 날개에는 손가락이 세 개 있다. 그것은 공룡의 앞발에 발가락이 세 개였기 때문이 아닐까…. 공통점은 더 있다. 닭의 발에는 발가락이 네 개 있는데, 그것도 공룡과 일치한다. 닭은 네 개의 발가락을 지녔는데 그중 하나는 뒤쪽에 나 있다. 이는 나뭇가지를 붙들고 앉던 삶과 관련이 있다. 뒤쪽에 있는 것은 엄지다. 나머지 셋은 순서대로 검지, 중지, 약지인데 닭을 비롯한 모든 새에는 소지가 없다.

더 세세한 부분도 공룡과 일치한다. 전부 자기 발을 들여다보자. 발가락이 마디로 나뉘어 있을 것이다. 마디 수는 엄지만 두 개고, 나머지는 모두 세 개다. 돼지는 어떨까? 엄지는 이미 퇴화해 사라졌지만 다른 발가락은 인간과 마찬가지로 세 마디씩이다. 가까스로 중지만 남은 말도 발가락 마디 수는 세 개다. 그런데 닭은 그렇지 않다.

닭의 발가락 수는 그렇다 쳐도 그 마디 수까지 확인할 일은 거의 없을 것이다. 오키나와에서 돼지 발을 즐겨 먹듯 대만에서는 닭발을 부드럽게 쪄 먹는다. 나는 그것을 뜯다가 닭의 발가락 마디 수가 특이하다는 사실을 처음으로 깨달았다.

닭은 발가락별로 마디 수가 다르다. 엄지는 두 개, 검지 세 개, 중지 네 개, 약지 다섯 개다. 그 개수 역시 공교롭게도 공룡과 같다.

새의 날개에 손가락이 세 개 있는 이유는
공룡의 앞발에 발가락이 세 개 있었기 때문인지도 모른다.

즉, 발가락에 관한 한 새와 공룡은 같은 구조로 되어 있다. 케빈 파디언은 《日経サイエンス닛케이사이언스》 1998년 5월호에 발표한 글 「The Origin of Birds and Their Flight 공룡은 이렇게 새가 되었다」에서 이런 문장을 쓴 적이 있다.

조류는 깃털과 짧은 꼬리를 가졌으나 소형 수각류 공룡 그 자체다.

이렇게 단언하는 연구자만큼 확신할 수는 없지만, 닭의 손 · 발가락을 보고 있자니 처음 '가난한 자의 공룡'을 떠올렸을 때보다는 새와 공룡이 가깝게 느껴졌다. 그래서 버스에 탄 아이들에게 닭의 날개뼈와 발뼈를 보여 주며 말하기로 결심했다. 새는 공룡의 후예라고.

그런데 아이들의 반응이 영 시원찮았다. 그런 이야기를 들어본 낌새로 대답하는 아이도 있었다. 하지만 많은 아이가 '잘 모르겠다'라는 표정을 짓고 있었다. 어쨌거나 아이들이 말하고자 하는 바는 같았다. '하지만 그렇게 보이지 않는다'라는 것이었다. 닭의 날개뼈와 발뼈로 공룡을 이야기하기에는 무리가 있어 보였다. '닭은 가난한 자의 공룡'이라고 생각한 것도 잠시, 닭은 역시 닭일 뿐이었다.

새는 공룡의 후예라는 말이 아이들에게는 가닿지 않았다. 내게도 그것이 주워들은 말에 불과하다는 점이 가장 큰 문제였다. 새는 가난한 자의 공룡… 일단 나 스스로 그것을 실감할 수 있는 뼈가 어디 없을까. 애태우던 내 앞에 나타난 것이 바로 타조 사나이 야인野人이었다.

2장

타조 뼈는 흥미롭다

타조 배달

뼈가 가득 담긴 배낭을 메고 하네다 공항에 내려섰다. 니혼대학 축제에 뼈 학교 강사로 초대받았기 때문이다. 나를 부른 곳은 생물자원과학부 야생동물학 연구실이었다. 당일에는 일반 참가자를 대상으로 뼈 학교를 여는 한편, 연구실 학생들의 주도로 참가자들과 간단한 발골 실습을 진행했다.

무사히 행사를 마치고 아주 짧게나마 연구실 사람들과 뒤풀이를 했다. 평소 같았으면 '뼈는 흥미로운 것'이라며 뼈를 알리는 데 힘썼을 테지만, 그곳에는 온통 뼈 애호가뿐이었다. 그러다 보니 오히려 기가 죽었다. 앞서 말한 야인은 그 속에 있었다.

물론, 야인이라는 이름도 사실은 별명이다. 키가 크기는 해도 그런 별명으로 불릴 만큼 야성적으로 보이지는 않았다. 도리어 도시적인 느낌마저 풍기는 훈남이었다. 타조 목장에서 아르바이트를 하고 있다는 그의 한마디에 나는 귀를 기울였다.

"타조 뼈를 얻을 수 없을까?" 초면인데도 그런 부탁을 하고 말았다.

"얻을 수 있어요. 어떤 부위가 필요하세요?"

선뜻 돌아온 긍정적인 대답에 오히려 내가 더 놀랐다.

"나는 고래 등뼈를 줄 테니, 자네는 타조 뼈를 구해다 줘."

거래는 순식간에 성사되었다. '가난한 자의 공룡'을 찾으면서 생긴 소망이 있다. 타조 뼈를 보고 싶다는 것이었다. 거래를 마치고 오키나와로 돌아온 내게 머지않아 전화 한 통이 왔다. 야인이었다.

"오늘 타조를 해체했어요. 당장 부칠게요."

그로부터 다시 이틀이 지난 어느 일요일, 초인종 소리와 함께 택

뼈를 수집하는 데는 물물교환도 효과적이다.

배가 도착했다. 들어 보니 제법 묵직했다. 상자에 붙은 라벨을 확인해 보니 '식료품'이라고 적혀 있었다. 부랴부랴 수령증에 서명한 뒤 현관문을 닫았다. 상자를 열어 보니 안에 든 것은 냉동된 타조의 날개와 다리였다.

"크다!"

내가 달라고 했지만, 그 엄청난 크기에 당황해 잠시 어쩔 줄을 모른 채 굳어 있었다.

타조 해체

배달된 타조는 그대로 베란다에 방치해 해동하기로 했다. 그사이 두근거리던 마음이 조금씩 진정되어 갔다.

"타조의 어떤 부위가 필요하세요?" 하고 야인이 물었을 때 나는 곧장 '날개와 다리'라고 대답했다. 가난한 자의 공룡으로서 제일 먼저 주목한 것이 닭의 그 부분이었기 때문이었다. 배달된 타조 날개와 다리에는 아직 살가죽이 붙어 있었고, 심지어 날개에는 깃털도 돋아 있었다. 날개뼈를 바르기 위해서는 우선 깃털부터 뽑아야 했다. 그런데 타조의 깃대는 닭보다 훨씬 두꺼웠다. 지름이 6밀리미터나 되어서 뽑으려고 당겼지만 꿈쩍도 하지 않았다. 그렇다고 꺾기에는 무리가 있었다. 작업은 초반부터 난관에 부딪혔다.

내가 받은 부위는 타조 다리 중에서도 인간의 발에 해당하는 부분이었다. 새나 인간이나 발 구조는 같다. 닭 다리를 요리할 때 인간이 사용하는 부위는 살점이 잔뜩 붙은 넓적다리와 정강이다. 인간

배달된 부위는 타조의 날개와 다리였다.

은 그 끝에 발등과 발가락이 붙어 있다. 새도 마찬가지다. 다만, 새는 평소 발끝으로 서 있으므로 발꿈치 언저리가 잘 발달해 있다. 닭이든 참새든, 다리 일부가 비늘로 덮인 것을 본 적이 있을 것이다. 그곳이 발꿈치에 해당한다. 알다시피 타조와 두루미는 그곳이 꽤 길다. 내가 받은 것이 바로 그 부분이다. 길이는 75센티미터였다. 그 기다란 발이, 두꺼운 비늘로 덮인 가죽에 싸여 있었다. 그 또한 해체하기 힘들어 보였다.

차라리 땅속에 묻어 썩힐까 싶었지만, 그 생각은 이내 머릿속에서 떨쳐 냈다. 동물 뼈를 바를 때 땅에 묻는 행동은 피하는 편이 좋다. 자잘한 뼈가 유실될 가능성이 있기 때문이다. 작은 동물은 거의 복원할 수 없는 지경에 이른다. 대형동물이라도 땅에 묻는 행동은 최후의 수단이라고 생각하는 편이 좋다. 발골의 기본은 '삶기'다. 그래서 이때도 기본으로 돌아가기로 했다.

내가 가진 작업용 냄비 중에서 가장 큰 것은 지름이 35센티미터였다. 배송된 상태 그대로 넣자니 날개도 발도 냄비에 들어가지 않았다. 그래서 가죽을 벗기고 관절에서 뼈를 분리해 되도록 작은 덩어리로 만들어야 했다.

발부터 다듬기 시작했다. 가죽을 벗길 때는 커터 칼을 사용했다. 가죽에 세로로 칼집을 넣은 뒤 뼈에서 가죽을 잡아 뜯었다. 상당한 중노동이었다. 지방이 많아서 자꾸 뼈와 칼이 손에서 미끄러졌다. 결코 좋은 감촉은 아니었다. 타조 발을 해체하는 것쯤은 다세대 주택에서도 할 수 있는데, 이 작업은 집에서 가장 넓은 침실 바닥에 비닐을 깔고 했다.

안간힘을 쓴 끝에 발끝까지 가죽을 벗기는 데 성공했다. 여기서

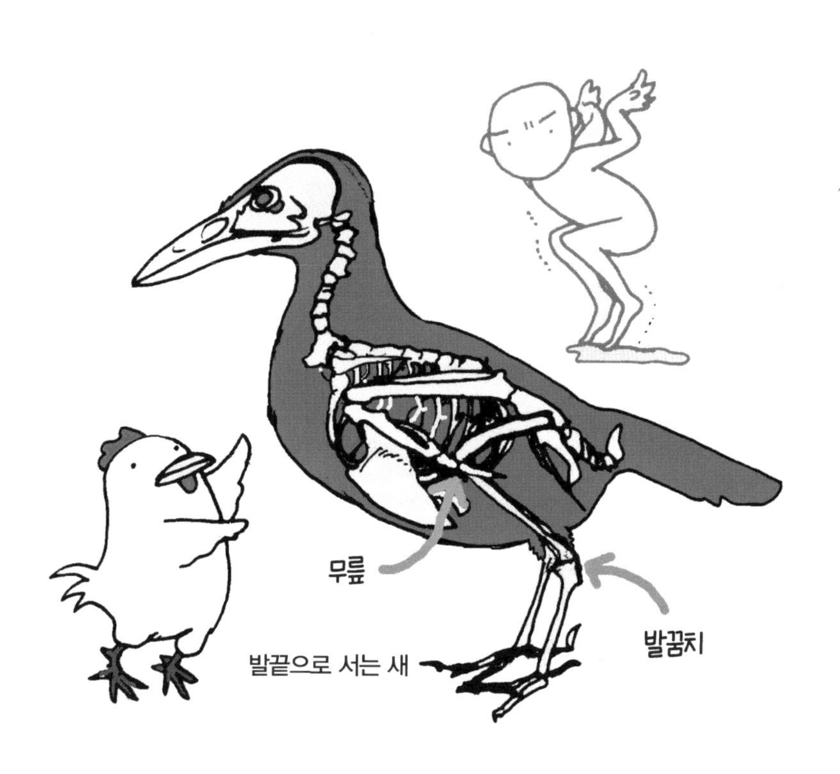

새와 인간의 자세에서 결정적으로 다른 부분은
새의 경우 발꿈치를 든 채 발끝으로만 서 있다는 점이다.

문제를 하나 내고자 한다. 타조의 발가락은 몇 개일까?

정답부터 말하면 두 개다. 다만, 그중 하나는 큰 발가락 옆에 작게 딸린 데다가 발톱도 없다. 그러므로 실질적으로 발가락은 한 개에 가깝다. 발가락 개수가 감소한 동물로 앞서 말을 소개했는데, 타조도 마찬가지다. 전혀 관련이 없는 생물끼리도 삶이 비슷하면 몸이 비슷할 수 있음을 보여 주는 좋은 사례다. 타조는 조류계의 말인 셈이다. 하지만 말과 달리 완전히 하나만 남은 건 아니다. 다리가 네 개인 말과 달리, 두 다리를 가진 타조는 발가락이 하나면 제대로 균형을 잡을 수 없을 것이다.

발바닥에는 두꺼운 결합조직이 들어찬 발볼록살이 있다. 이부분을 떼어 낸 후에야 발톱 주위의 가죽을 찢고, 가까스로 뼈와 가죽을 분리할 수 있었다. 새의 앞꿈치에는 부척골이라고 부르는 긴 뼈가 붙어 있고, 그 끝에는 발가락뼈가 있다. 두 발가락뼈를 모두 부척골에서 분리함으로써 발은 손질이 끝났다.

이어서 날개를 다듬기 시작했다. 닭 날개는 식용으로 쓰인다. 반면, 하늘을 날지 않는 타조는 몸집에 비해 날개가 작아서 식용으로 쓰이지 않는다. 내가 이 날개뼈를 얻을 수 있었던 이유다. 그래도 윗날개만 35센티미터는 됐다. 날개에는 깃털이 돋아 있었다. 보통 새는 뜨거운 물을 끼얹으면 깃털이 쑥쑥 뽑힌다. 그러나 타조에게는 소용이 없었다. 잠시 고민하다가 결국 두꺼운 깃대를 하나하나 가위로 자르기로 했다. 그다음 대충 가죽과 살점을 제거하고, 팔꿈치 관절을 비틀어 윗날개와 아랫날개를 분리했다. 이것으로 날개 손질도 끝났다.

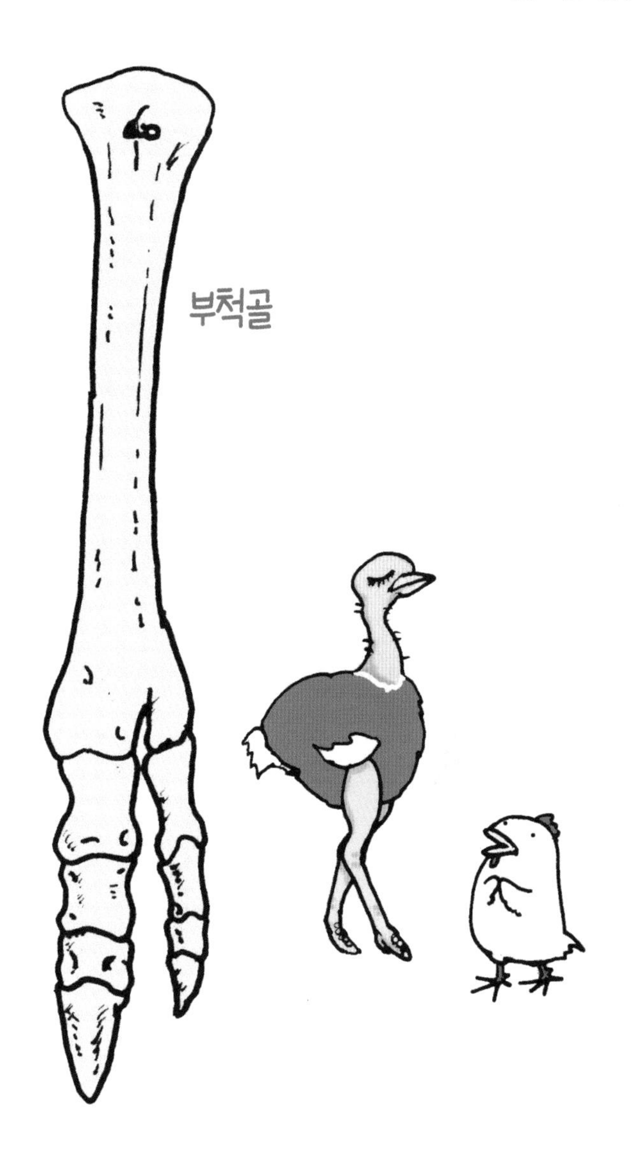

타조의 발가락은 중지와 약지, 두 개뿐이다.
발가락은 부척골(발뒤꿈치부터 앞꿈치에 해당하는 뼈)에 붙어 있다.

타조의 뼈

관절을 분리했는데도 가장 큰 부척골은 냄비에 다 들어가지 않았다. 그래서 그것은 냄비에 안쳐 뒤집어 가며 삶았다. 한참 삶다가 뼈에 붙은 살점과 근육을 제거하고 계속 삶았다. 삶는 시간은 특별히 정해져 있지 않다. 상태를 보면서 얼마나 삶을지 정해야 한다. 이때는 삶다가 드릴로 부척골에 구멍을 뚫었다. 길어서 위아래로 두 군데는 뚫어야 했다. 큰 뼈를 그냥 삶으면 골수 안의 지방 성분이 다 빠져나가지 않는다. 가뜩이나 타조 뼈에는 지방이 많다. 뚫은 구멍이 눈에 거슬리면 나중에 보수용 퍼티로 메꾸면 된다.

살점을 거의 제거한 뒤에도 타조처럼 지방이 많은 뼈는 기름기를 빼기 위해 여러 번 삶아야 한다. 적당히 기름기가 빠진 것 같으면 베란다에 스티로폼 상자를 준비하고 물을 받아 뼈를 담근다. 거기에 틀니 세정제도 하나 추가로 넣는다. 여기까지 꼬박 하루가 걸렸다. 며칠 후 물을 갈고 다시 세정제를 풀었다. 그때 물 위에 기름이 많이 뜨면 다시 한번 냄비에 삶아야 한다.

타조와 씨름하던 날 밤, 타조 날개에 붙어 있던 약간의 살점을 떼어 볶아 먹었다. 처음 맛본 타조고기는 닭고기보다 훨씬 쫄깃해서 씹는 맛이 좋았다.

그렇게 마침내, 발골을 끝내고 타조 뼈를 책상 위에 늘어놓았다. 발가락이 두 개라는 사실은 이미 말했다. 둘 중에 더 큰 발가락의 길이는 20센티미터였다. 그것은 네 마디로 되어 있었는데, 앞서 말했듯 새는 발가락별로 마디 수가 달라서 몇 마디인지 보면 어느 발가락인지 알 수 있다. 네 마디로 구성된 것은 중지다. 한편, 짧은 발

타조와 말은 같은 이유로 발가락 개수가 줄어들었다.

가락은 길이가 더 짧은데도 불구하고 다섯 마디나 되었다. 즉, 그것은 약지다. 당시 나는 작업 도중 약지의 다섯 번째 마디를 잃어버렸다. 그 정도로 발가락뼈는 몹시 작았다. 어쨌거나 타조는 조상에게 물려받은 네 개의 발가락 중, 엄지와 검지가 삶의 과정에서 퇴화했다는 사실을 확인했다.

그렇다면 날개뼈는 어떨까? 우선 위팔뼈가 있다. 식용 닭에서는 '봉'이라고 부르는 부위다. 그 밑에 '윙'이라고 부르는 부위가 붙어 있다. 여기에는 아래팔뼈에 해당하는 노뼈와 자뼈가 있다. 그리고 그 밑에는 손목뼈에 해당하는 작은 뼈 두 개와 손의 몸통을 이루는 손등뼈가 붙어 있다. 그 끝에 달린 것이 손가락이다. 총 세 개가 있으며 엄지, 검지, 중지로 추측된다. 이는 앞서 말한 공룡의 앞발과 비슷하다. 타조 날개는 닭의 날개와 다르지 않다. 다만 뼈의 비율은 다르다. 닭은 위팔뼈와 자뼈의 길이가 거의 같다. 반면 타조는 위팔뼈가 자뼈보다 세 배는 길다. 그래서 닭 날개를 보다가 타조 날개를 보면 균형이 안 맞아 보인다.

타조의 날개뼈를 발라내면서 무엇보다 놀란 것은 엄지와 중지에 손톱이 달려 있다는 점이었다. 심지어 중지의 손톱은 2~3센티나 되어 제법 그럴싸했다. 여지껏 새 날개에 손톱이 있을 수 있음을 몰랐기에, 처음에는 잘못 본 게 아닐까 의심했을 정도다.

공룡 앞발에도 물론 발톱이 있다. 공룡과 새의 깊은 연관성을 암시하는 존재는 시조새를 꼽을 수 있겠다. 가장 오래된 새로 알려진 시조새는 약 1억 5천만 년 전의 쥐라기 지층에서 발견했다. 이 시조새의 부리에는 이빨이 돋아 있었고, 날개를 이루는 손가락에는 그럴싸한 손톱이 달려 있었다. 그 모습은 공룡과 새의 중간 형태로 유

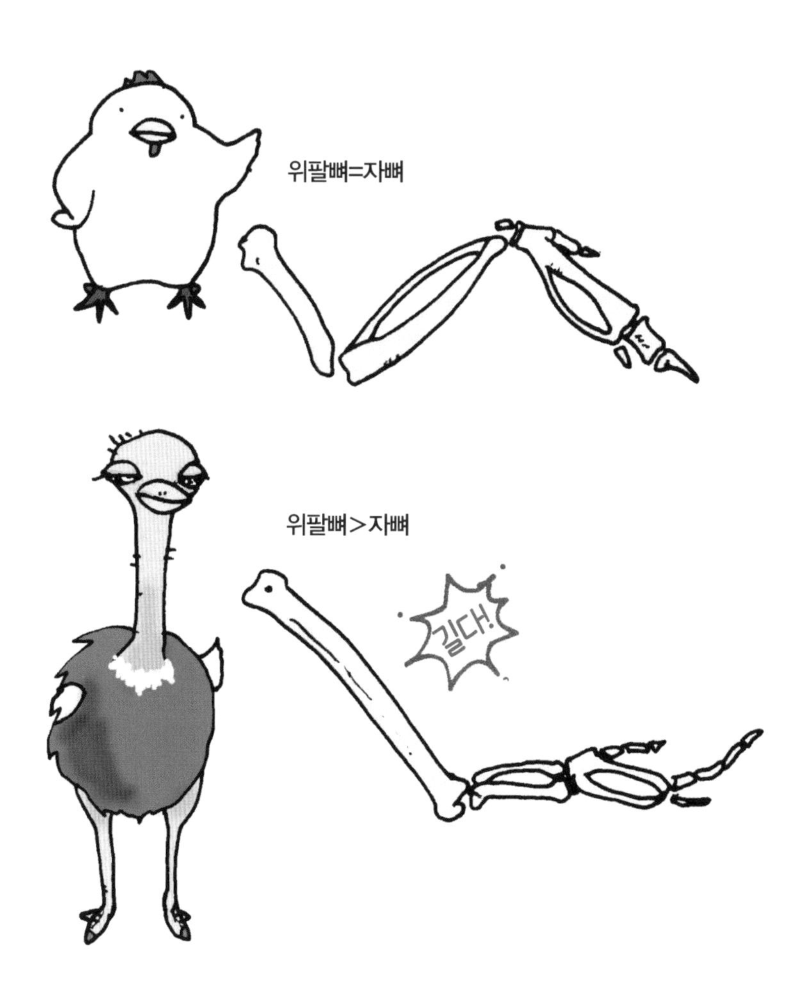

타조와 닭의 날개뼈. 구조는 같지만 비율은 다르다.

명하다. 그렇기에 진화한 현대 새의 날개에 손톱이 달려 있을 줄은 상상도 못 했다.

날개에 손톱까지 있으니 시조새 대신 타조 뼈를 보여 주면 사람들이 새와 공룡의 깊은 연관성을 피부로 느낄 수 있지 않을까? 부랴부랴 뼈 학교를 열면서 초등학교 아이들에게 타조 뼈를 보여 주었다. 반응은 미적지근했다. 내가 '공룡 같다'라고 생각하는 것과 아이들이 생각하는 '공룡이다!'라고 외치는 것 사이에는 여전히 틈이 있었다.

아이들에게 닭은 닭일 뿐, 타조 역시 타조일 뿐이었다.

포유류와 공룡

조금 더 원론적으로 연구할 필요가 있을지도 모르겠다. 처음으로 돌아가 새와 공룡이란 대체 어떤 존재인가? 더 나아가 우리 포유류란 어떤 존재인가? 이것부터 먼저 생각하기로 하자.

약 6500만 년 전, 느닷없이 공룡이 멸종한 이후 지상의 패권은 포유류에게 넘어갔다. 또한 인간은 포유류에 속하므로 포유류야말로 진화의 주류라는 편견을 가지기 쉽다. 그러나 이것은 잘못된 생각이다.

진화를 다룬 책, 『講座進化④形態学からみた進化 강좌 진화 ④ 형태학으로 본 진화』을 보면 다음과 같이 적혀 있다.

척추동물의 계통진화에 있어 파충류에서 포유류에 이르는 줄기는 오히려 비주류다.

타조는 시조새처럼 날개에 손톱이 있다.

바다에서 탄생한 척추동물의 일부가 세월이 흘러 육지로 진출했다. 그 선두 주자가 양서류다. 그런데 양서류 중에서도 뭍에 오를 수 있는 건 성체일 뿐, 유체는 여전히 물고기와 같이 물속에서 생활했다. 부드러운 막에 싸인 알도 보통 물속에서 산란하고는 했다.

척추동물이 완전히 육지에 오르기 위해서는 성체뿐만 아니라 반드시 알도 뭍으로 상륙해야 했다. 이때 생긴 것이 바로 양막이다. 양막 안에 양수를 채우는 과정은 몸에 '바다'를 담는 것과 같다. 그래서 알 자체가 물속을 떠날 수 있게 만든 것이다. 단단한 알껍데기 속에 양막을 만드는 방식은 이후 척추동물이 본격적으로 육지에 진출하는 데 기반이 되어주었다.

양막을 가지게 된 척추동물을 '유양막류'라고 부른다. 유양막류의 가장 오래된 화석은 약 3억 3천만 년 전의 것이다. 유양막류는 크게 두 종류로 나뉘는데, 하나는 포유류로 이어지는 계통이다. 다른 하나는 뱀, 도마뱀, 거북이, 악어, 새, 공룡으로 이어지는 계통이다. 즉, 포유류는 유양막류의 진화 초기 단계에서 다른 유양막류와 쪼개졌다. 앞서 소개한 책에 '진화의 비주류'라고 적혀 있었던 이유는 포유류가 소수파에 속하기도 하고, 유양막류 중에서도 이단아라고 할 수 있기 때문이다.

유양막류의 두 부류는 머리뼈가 서로 다르게 생겼다. 그 특징에 따라 포유류는 '단궁류', 다른 부류를 '이궁류'라고 부른다. 내가 어렸을 적 정신없이 읽었던 '공룡 도감'의 내용을 더듬어 봤다. 그 책에는 바다에 사는 장경룡, 돌고래를 꼭 닮은 어룡, 하늘을 나는 익룡의 사진이 티라노사우루스나 트리케라톱스와 함께 실려 있었다. 그래서 나는 이들이 모두 공룡인 줄 알았다. 하지만 생물학적으로 봤

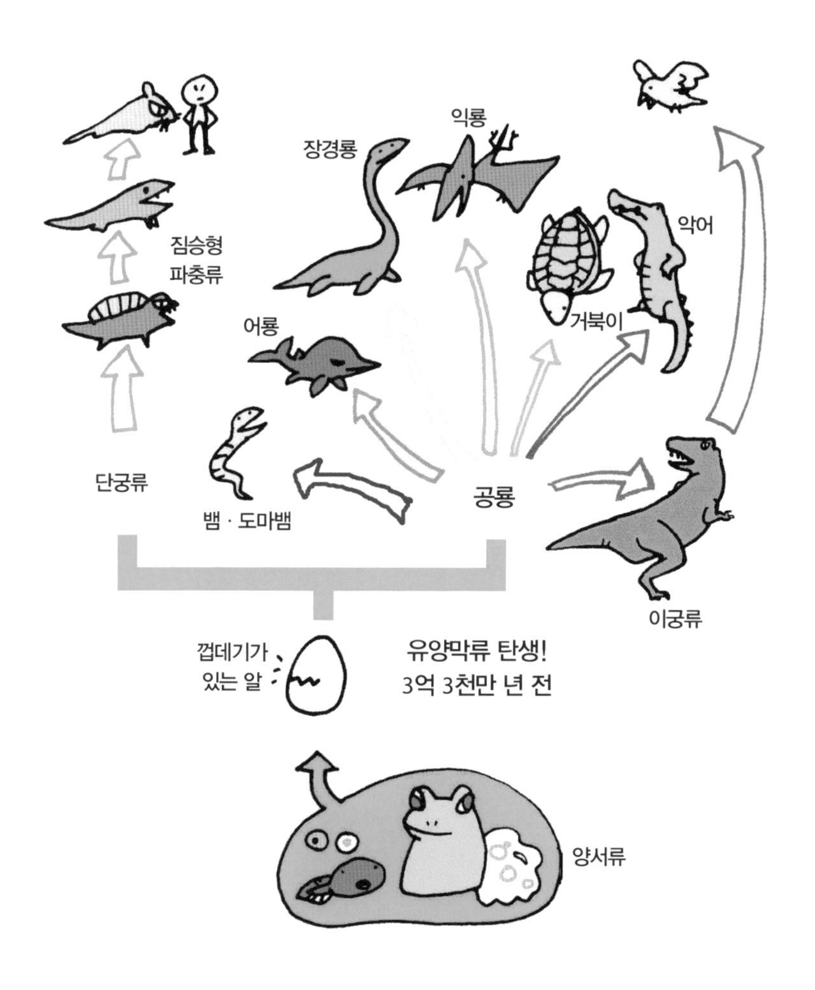

포유류 계통은 척추동물의 진화 과정에서 비주류에 속한다.

을 때 장경룡, 어룡, 익룡은 공룡에 포함하지 않는다. 그들은 공룡과 같은 이궁류이기는 하나, 각기 다른 종으로 봐야 한다.

이런 일이 또 있었다. 언젠가 박물관 기념품 가게에서 '공룡 우표 세트'를 샀는데, 열여섯 장 가운데 공룡은 열두 장뿐이었다. 나머지 두 장에는 익룡, 다른 두 장에는 이궁류조차 아닌 포유류에 해당하는 단궁류가 그려져 있었다.

일반적으로 파충류라고 하면 뱀, 도마뱀, 거북이, 악어 등 다양한 이궁류의 후예를 아우르는 명칭이다. 그래서 그중에는 관계가 가까운 것도 있고 먼 것도 있다.

현대 파충류 중에서 공룡과 가장 가까워 보이는 것이 악어고, 그다음이 거북이다. 물론 거북이의 분류학적 위치에는 이견이 있기도 하지만 말이다. 어쨌든 공룡, 악어, 거북이에 멸종한 익룡까지 포함해 이 부류를 '지배파충류'라고 부른다. 한편, 뱀과 도마뱀은 '뱀목'에 속하는데, 지배파충류와는 조금 거리가 있다. 이들과 비교적 가까운 것이 장경룡이며, 어룡도 따지고 보면 여기에 더 가깝다. 일반적으로 새는 파충류가 아닌 조류로 분류한다. 하지만 새와 공룡의 계통적 관계로 미루어 보았을 때 새는 파충류의 일종이라고 할 수도 있다. 그래서 도킨스는 저서에서 일반적으로 파충류라고 부르는 부류와 새를 한데 묶어 '석형류'라고 분류하기도 했다.

공룡은 약 2억 3천만 년 전쯤 지구상에 탄생한 것으로 추정된다. 그때는 중생대 트라이아이스기 중기라고 부르는 시기다. 실제로 발견한 공룡 중 가장 오래된 것은 아르헨티나의 약 2억 2800년 전 지층에서 찾아낸 헤레라사우르스와 에오랍토르다.

유양막류는 단궁류와 이궁류로 나뉜다고 했는데, 공룡도 크게

장경룡과 어룡, 익룡은 공룡과 다른 부류의 생물이다.

'조반목'과 '용반목'으로 나눌 수 있다. 조반목에서 유명한 종을 꼽자면 스테고사우루스, 트리케라톱스, 이구아나돈이 있다. 한편 용반목은 다시 용각류와 수각류로 나뉜다. 용각류에는 대형 초식공룡인 브라키오사우루스, 아파토사우루스가 있고 수각류에는 육식공룡인 티라노사우루스, 벨로키랍토르가 포함된다. 현재 주류 학설에 따르면 새는 공룡 중에도 용반목의 수각류가 진화한 것으로 본다. 한편 앞에서도 살짝 언급했지만 새는 수각류의 일종일뿐만 아니라, 아예 공룡으로 분류할 수 있다는 주장도 있다.

몸길이 12미터, 몸무게 5~6톤, 이빨 하나당 길이가 30센티미터나 되는 최대의 육식공룡이 바로 티라노사우루스다. 그러나 이들 역시 원래는 소형 육식공룡에서 진화한 것으로 추정된다. 중국에서 발견된 딜롱은 세상에서 가장 오래된 티라노사우루스과 공룡인데, 몸길이가 고작 1.6미터밖에 되지 않는다. 차라리 타조가 더 클 정도다. 『恐竜博2005年 공룡박람회 2005년』을 보면 딜롱의 온몸이 깃털 같은 것으로 덮여 있었을지도 모른다고 적혀 있다. 그렇다면 그 진화형인 티라노사우루스는 수많은 공룡 중에서도 가장 새에 가까운 종인 셈이다.

최근 학설 중에는 소형 수각류가 아마 보온을 위해 비행과 무관하게 깃털을 진화시켰을 것으로 보는 주장도 있다. 중국에서 발견된 시노사우롭테릭스는 몸길이가 1미터 남짓한 소형 공룡인데, 온몸에 원시적인 깃털이 돋아 있었던 것으로 보인다. 깃털이 발달하자 어느덧 하늘을 나는 공룡도 등장하게 되었다. 시노사우롭테릭스와 마찬가지로 중국에서 발견된 미크로랍토르는 몸길이가 70센티 정도였는데, 새와 달리 긴 꼬리가 달려 있었으나 화석에는 날개의

새의 조상으로 추정되는 깃털 달린 공룡들이다.

흔적이 남아 있었다. 미크로랍토르는 뒷다리에도 날개가 있어, 총 네 장의 날개로 나무 위에서 날아다닌 듯하다. 이런 공룡들이 날개를 펄럭이면서 본격적으로 비행을 할 수 있는 새가 되었다. 이것이 내가 책에서 파악한 공룡의 새 진화 과정이다.

이 사실을 머릿속 한편에 새긴 채 다시 실제 뼈와 마주하기로 했다.

물에 뜨는 뼈

야인이 내게 두 번째로 타조 뼈를 보냈다. 이번에는 여러 부위가 섞여 있었다. 일전에 죽은 타조를 땅에 묻은 적이 있는데 그것을 파냈다고 했다. 다리와 날개 이외의 뼈도 얻게 되어 좋았지만 딱 하나 골치 아픈 것이 있었다. 변질된 지방이 시랍화해 뼈 곳곳에 들러붙어 있었다는 점이다. 그래서 뼈를 물에 담가 들러붙은 조직을 말끔히 긁어내야 했다(상당히 골치 아픈 작업이며, 이것 때문에라도 사체를 땅에 묻어 발골하는 방법은 추천하지 않는다).

그런데 시랍화한 사체가 뜻밖의 깨달음을 주었다. 물을 채운 스티로폼 용기 속에 던져 넣자 둥둥 뜬 것이다.

납작한 복장뼈와 굵고 짧은 넙다리뼈가 물에 떴다. 가늘고 긴 갈비뼈와 해체된 척추뼈도 물에 떠 있었다. 다만 길이가 47센티미터나 되는 정강뼈만큼은 물에 가라앉았다. 그래도 뼈가 물에 뜬 모습은 왠지 기묘했다.

하늘을 나는 새의 뼈는 속이 비어서 가볍다는 것은 이미 나도 알고 있었다. 그런데 타조 뼈가 뜬 광경을 보니 번뜩 의문이 스쳤다.

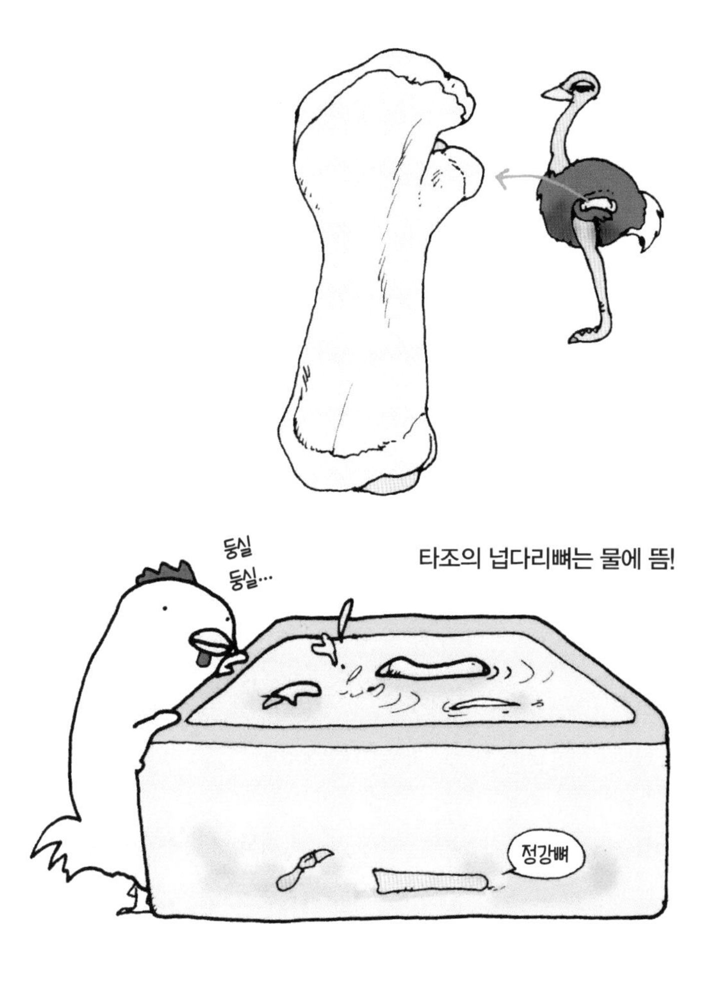

새 뼈 중에는 물에 뜨는 것도 있고 가라앉는 것도 있다.

타조는 하늘을 날 수 없는데 왜 이렇게 뼈가 가볍지? 지난 번에 작업한 날개와 발은 물속에 가라앉았다(그래서 뼈가 뜬다는 생각을 못 했다). 같은 타조 뼈라도 부분에 따라 비중이 다르다는 증거다. 타조는 하늘을 날지 않는 새다. 더 정확히 말하면 원래는 하늘을 날았는데 이후에 날지 않게 되었다. 그런 역사로 미루어 보아 조상으로부터 뼈의 가벼움을 계승했다고 해도 이상할 건 없었다. 그런데 뼈가 가벼운 이유는 오로지 날아오를 때 몸의 무게를 덜기 위함일까. 그 점이 신경 쓰였다.

새 뼈가 가벼운 까닭을 조사하니 단순히 '속이 비었기 때문'이라는 말만으로는 설명할 수 없는 사정이 거기 있었다.

새도 우리 인간처럼 폐로 호흡한다. 다만 새의 호흡이 우리와 다른 점은 코로 들이쉰 공기의 최종 목적지가 폐가 아니라는 것이다. 새의 기관지는 폐를 지나 기낭으로 불리는 기관으로 이어진다. 기낭은 모두 아홉 개. 하나뿐인 빗장뼈간 기낭에 더해 복부 기낭, 후흉부 기낭, 전흉부 기낭, 경부 기낭이 좌우 하나씩 있다. 이 주머니 모양의 기관들이 폐 주위를 에워싸고 호흡 작용을 돕는다. 더욱이 기낭의 가는 관은 뼛속까지 뻗어 있다.

『ニワトリの動物学 닭의 동물학』에 의하면 닭 뼈 중에서 기낭이 미치지 않는 뼈는 기껏해야 복장뼈, 갈비뼈, 머리뼈 정도라고 한다. 그 밖의 뼈에서는 모두 기낭과 이어진 관이 관찰된다.

계속 조사하다 보니 타조의 기낭에 관한 책도 찾을 수 있었다. 주로 전쟁 전에 활약한 조류학자 하치스카 마사우지의 『世界の涯 세상의 끝』이다. 그에 의하면 타조는 '머리뼈, 척추뼈, 갈비뼈부터 복장뼈, 오훼골, 골반, 넙다리뼈에 이르기까지 기낭이 복잡하게 뻗어 있

새의 폐는 기낭이라는 기관과 연결되어 있다.
기낭의 가는 관은 다리뼈까지도 뻗어 있다.

다'고 한다. 닭과 타조는 기낭의 미치는 범위가 다름을 알 수 있다. 그리고 물에 뜨는 뼈는 기낭과 연결되어 있다는 것도 짐작할 수 있다.

시험 삼아 닭 뼈를 물속에 던져 보았다. 그러자 넙다리뼈뿐만 아니라 정강뼈와 부척골도 물에 떴다. 그렇지만 손 · 발가락뼈는 가라앉았다. 이 결과를 인간에 빗대어 말하자면 폐의 일부가 발등까지 뻗어 있는 셈이다. 또 책에서 닭의 복장뼈에는 기낭이 없다고 했는데 확실히 복장뼈는 물에 잠겼다. 갈비뼈의 경우 바닥 근처에 우뚝 서기는 했지만 물 위에 떠오를 만큼 비중이 낮진 않았다.

요컨대 새 뼈의 무게는 단순히 비행뿐만 아니라 호흡과도 관련이 있다. 『ニワトリの動物学 닭의 동물학』에는 카멜레온류나 왕도마뱀류에게도 기낭과 비슷한 기관이 있으니 새는 파충류의 기낭을 물려받은 것 같다고 적혀 있다. 그게 사실이라면 새 뼈는 하늘을 날기 전부터 속이 비어 있었던 셈이다.

『地球大進化46億年人類の旅4大量絶滅 지구 대진화 46억 년 전 인류로의 여행 4, 대량 멸종』에 의하면 공룡 중 용반목의 화석에서 기낭으로 보이는 구멍이 관찰된다고 한다. 어째서 하늘을 날지 않는 공룡에게 기낭이 발달했을까? 이 책에는 지구 전체가 저산소 환경에 처했을 때 공룡의 기낭이 발달했을 거라는 가설이 소개된다.

물에 뜨는 타조의 뼈는 하늘을 날던 조상에게서 물려받은 것이 아니라 더 옛날 공룡시대의 유산이었다…….

위의 책에 따르면 포유류가 여덟 번 호흡해야 확보할 수 있는 산소를 새는 세 번 만에 확보할 수 있다고 한다. 기낭을 이용한 호흡법은 폐로만 호흡하는 것보다 훨씬 산소 확보 능력이 뛰어나다는

새는 '기낭 시스템' 덕분에 포유류보다 산소 확보 능력이 높다.

방증이다. 높기로 유명한 히말라야산맥의 상공에 1만 미터 넘게 떠서 이동하는 두루미의 위업도 기낭 덕분이라고 한다. 생각해 보면 타조는 하늘을 못 날지만 시속 50킬로미터를 유지하며 장거리를 뛸 수 있고 순간 속도는 시속 70킬로미터까지 끌어올릴 수 있다. 이렇게 빨리 달리는 것도 기낭의 뒷받침이 있어 가능한 일이리라.

『世界の涯 세상의 끝』에 재미난 이야기가 나온다. 뉴질랜드에 서식하는 날지 못하는 새 키위는 기낭이 별로 발달하지 못했다고 한다. 자세히 적혀 있지는 않으나 뼛속에 기낭이 없는 모양이다. 즉 날지 못하는 모든 새의 뼈가 가벼운 건 아니라는 소리다. 키위는 빨리 달리지도 않는다. 그런 새라면 뼛속에 기낭이 없어도 살아 나갈 수 있는 게 아닐까.

현대의 닭은 하늘을 날지 않지만 그 뼈를 물속에 던지면 발등뼈까지 물위에 뜬다. 반면 타조는 넙다리뼈까지만 물에 뜨니 닭보다 기낭이 덜 발달한 셈이다. 진화한 시간에 비추어 보면 닭은 인간에게 사육된 지 그리 오래되지 않았다. 그래서 날지 못하는 새처럼 보이지만 뼈 구조만큼은 나는 새에 가깝다. 문득 하늘을 난다는 게 보통 일이 아님을 깨달았다. 곳곳에 보이는 비둘기나 참새는 대수롭지 않게 날갯짓을 하는 것 같지만 실은 꽤 힘든 운동을 하는 것이었다. 새삼 그들을 다른 눈으로 보게 되었다.

위석의 수수께끼

야인에게 세 번째 타조 뼈를 주문했다. 지난번에 나는 타조의 손

날지 못하는 키위새는 타조와 다르게 뼛속에 기낭이 발달하지 못했다.

톱에서 공룡을 느꼈다. 그리고 물에 뜬 타조 뼈에서 공룡과의 연관성을 보기도 했다. 그런데 타조 뼈와 공룡 책을 오가며 비교하는 사이, 또 하나의 의문점이 생겼다.

『最新恐竜学최신 공룡학』의 내용을 인용해 보자.

용각류 공룡의 위석은 두 점의 화석으로 확인되었는데, 둘 다 돌의 함량이 적어서 음식물을 소화하기에 얼마나 효과적이었는지 알 수 없다. 또 골격이 완전히 남아 있는데도 아예 위석이 발견되지 않은 사례가 더 많다.

이 문장이 마음에 걸렸다. 공룡에게는 보통 위석이 있다. 내가 이 사실을 언제 어디에서 알게 되었는지는 분명하지 않다. 그저, 화석 판매점에 가면 보통 '공룡 위석'을 팔기에 당연히 모든 공룡에게 위석이 있는 줄 알았다. 내가 그곳에서 산 공룡 위석은 긴 지름 5센티미터 정도에 적갈색을 띠고 있다. 꽤 단단한 돌로, 표면이 반질반질하다. 가격은 630엔(약 6천 3백 원-옮긴이)이었다. 그렇다면 공룡 위석은 일반적일까? 아니면 이례적일까.

『The evolution and extinction of the dinosaurs공룡의 진화와 멸종』을 다시 읽어보았다. 우선 조반목 공룡부터 확인했다.

스테고사우루스의 골격이 위석과 함께 발견되는 일은 아예 없다.

이 문장이 먼저 눈에 들어왔다. 트리케라톱스의 설명에는 위석에 대한 내용이 등장하지도 않았다. 그렇다면 용반목 공룡은 어떨까? 그 설명에는 모래주머니와 함께 위석이 있다는 구절이 있었다. 공룡에게 위석이 얼마나 있었는지는 아직 불확실한 점이 많았다. 어쨌든 내 고정관념과 다르게 모든 공룡이 일반적으로 가지고 있었던 건 아닌 듯했다.

공룡의 위석은 수수께끼투성이다.

공룡의 위석에 특히 주목한 연구자가 있다. 정온동물설을 주장해 일약 유명 인사가 된 로버트 T. 바커다. 공룡은 정온동물이었고 그래서 활동성도 높았다는 것이다. 바커는 다양한 측면에서 이 가설을 내세웠고 그 성과를 바탕으로 『The Dinosaur Heresies공룡 이설』을 펴냈다. 영화《쥐라기 공원》은 이 책에 큰 영향을 받았다.

초식동물인 용반목은 커다란 덩치에 비해 놀라울 만큼 작은 머리를 가졌다. 게다가 그 머리에 달린 이빨은 초식 포유류와 다르게 풀을 으깨는 기능은 없고, 그저 물어뜯는 기능만 있다. 그런데 대형 공룡은 에너지가 부족해서 거북이보다 움직임이 굼떴다는 인식이 있었다. 하지만 바커는 근육질로 된 위장인 큰 모래주머니와 위석만 있으면 그 큰 몸집을 움직이기에 충분한 에너지를 만들 수 있다고 주장했다. 그의 저서를 보면 용각류의 골격 화석에서 위석이 함께 발견되는 사례가 드문 이유는 단지 그런 상태에서는 보존될 확률이 낮기 때문이라고 적혀 있다.

바커의 설은 한때 상당한 주목을 받았으나 공룡이 과연 정온동물이었는가에 대해서는 비판적인 의견도 많다. 또 가설의 근거에 대해서도 많은 이견이 있다. 히라야마 렌은 저서인 『最新恐竜学 최신 공룡학』에서 거대 공룡은 별다른 항온 체계가 없어도 덩치가 커서, 체온이 일정하게 유지되었을 것이라 주장했다. 그리고 아마 용각류는 에너지를 최대한으로 아끼는 생물이므로 천천히 움직였을 거라고도 주장했다.

바커가 주장한 가설의 진실 유무를 떠나서 그는 타조 등 날지 않는 대형 새의 몸을 참고해 용각류의 생활을 짐작했다. 타조는 다른 새처럼 부리에 이빨이 없다. 그래서 입에 집어넣은 풀을 통째로 삼

통째로 삼킨 잎을 거대한 위장과 그 속의 돌로 으깨어 큰 에너지를 냈다.

공룡은 덩치가 컸기에 특별한 체계가 없어도 체온이 일정하게 유지되었다.

켜 모래주머니에서 으깬다. 그런데도 정온동물인 데다가 빠르게 달릴 수도 있다. 바커의 주장을 뒷받침하기에 알맞은 모델 생물이었던 셈이다. 그렇다면 타조 위장 속에는 대체 얼마만큼의 돌이 들어 있을까?

"타조의 모래 주머니를 구할 수 있을까?"

궁금증을 해결하기 위해 야인에게 부탁했다. 그로부터 얼마 후, 냉동된 모래주머니가 우리 집에 배달되었다. 지름이 약 23센티미터로, 자세히 보니 U자 모양이었다. 예상과 달리 위벽 전체가 두꺼운 근육으로 덮인 게 아니라, 일부 벽만 두꺼웠다. 가장 두꺼운 곳은 단면이 무려 8센티미터나 되었다. 나는 돌을 꺼내기 위해 모래주머니에 손을 찔러 넣었다.

그 속에는 타조가 삼킨 마지막 사료가 아직 소화되지 않은 채 남아 있었다. 손으로 헤쳐 돌을 찾았다. 결과부터 말하자면 돌은 있었다. 그냥 몇 개 있는 정도가 아니었다. 마구 쏟아져 나왔다. 그 엄청난 양에 헛웃음이 날 정도였다. 타조 한 마리의 모래주머니에서 나온 돌은 1,580그램이나 되었다. 가장 큰 것은 길이 5.5센티미터, 너비 2센티미터였다.

표본이 하나뿐이라서 그것이 표준적인 위석의 양인지 알 수 없었다. 만약 그것이 표준적인 양이라면 이빨 대신 돌을 이용하는 초식동물은 고생이 많을 듯했다. 타조는 몸무게가 90킬로그램에서 130킬로그램에 달한다. 용반목 대형 공룡의 몸무게는 적어도 50톤 가까이 되었을 것으로 추정된다. 타조의 약 500배다. 공룡이 모래주머니의 위석을 통해 높은 에너지를 내려면 대체 얼마나 많은 돌을 삼켜야 할까? 또 그 많은 돌이 골격 화석과 함께 잘 발견되지 않는 이

타조 한 마리의 위장 속에서 1,580그램에 달하는 위석이 발견되었다.

유는 무엇일까? 궁금증이 일었다.

타조가 위석으로 쓰려고 다이아몬드를 삼킨 적이 있어서 과거에는 다이아몬드를 얻기 위해 타조를 사냥했다고 한다. 그것이 사실인지 확인할 수 있는 자료는 내게 없다. 그런데 교통사고로 죽은 새를 해부하다가 재미난 사실을 발견했다. 쇠물닭이라는 물새였는데, 그 새의 모래주머니에는 하얀 석영질의 자갈만 들어 있었다. 심지어 그 한 마리뿐만 아니라 다른 개체도 마찬가지였다. 단단한 돌만 골라 위석으로 삼는 새가 실제로 있다는 증거다. 새에 따라서는 위석을 각별히 중요하게 생각하는 종도 있는 모양이었다. 같은 비둘기라도 알곡을 즐겨 먹는 멧비둘기의 모래주머니에는 위석이 있지만, 과일을 즐겨 먹는 붉은머리청비둘기의 모래주머니에는 위석이 없다. 그러고 보면 위석 유무는 역사뿐만 아니라 삶과도 큰 관련이 있는 셈이다. 같은 공룡이라도 종에 따라 위석이 있는 것도, 없는 것도 있었으리라.

뼈 학교에서 아무리 새는 공룡의 후손이라고 말해도 아이들은 콧방귀만 뀔 뿐이었다. 그런데 "타조는 말처럼 초식동물이란다. 하지만 말과 달리 이빨이 없지."라며 타조의 위석을 보여 주자….

"우와, 신기하다."

"저 좀 보여 주세요."

타조 위석은 큰 인기를 끌었다. 그 모습을 보고 생각했다. 타조는 타조일 뿐, 하지만 타조는 타조 나름대로 흥미롭다. 그렇다면 분명 닭도 닭 나름대로 흥미롭지 않을까? 불현듯 새 안에서 공룡을 찾을 게 아니라 공룡을 계기로 새 자체를 즐길 수 있다면 그걸로 되었다는 생각이 들었다. 공룡은 인간의 손이 닿지 않는 다른 세계의 존

알곡을 먹는 멧비둘기에게는 위석이 있지만
과일을 먹는 붉은머리청비둘기의 위장 속에서는 위석이 발견되지 않았다.

재다. 또한, 타조 역시 일반 가정에서는 좀처럼 실물을 보기 힘들다. 반면 닭은 식탁 위에 일상적으로 오른다.

3장

프라이드치킨 뼈 탐험

프라이드치킨은 몇 조각?

"티라노사우루스밖에 몰라요."

미야자토라는 학생이 딱 잘라 말했다. 내가 교수로 있는 대학의 강의 시간. 수강생이 여섯 명 남짓인 단출한 수업이었다. 그 시간에 '아는 공룡의 이름'을 물어봤다.

"트리케라톱스?" 뒤이어 한 남학생이 말했다. "또 없을까?", "프테라노돈…" 그런 대답이 돌아왔다.

일주일에 한 번 봉사하러 가는 중학교 수업에서 똑같은 질문을 한 적 있다. "티라노사우루스, 트리케라톱스, 프테라노돈!" 신기하게도 맨 처음 연달아 나온 공룡이 대학생에게 물었을 때와 똑같았다. 아무래도 공룡 중에서 그 세 가지가 가장 유명한 모양이었다. 물론, 프테라노돈은 공룡이 아니라 익룡이지만 말이다. 그런데 중학생들의 대답은 거기서 끝이 아니었다. 추가로 알로사우루스, 스피노사우루스, 카르노타우루스, 수페르사우루스 등의 대답이 돌아왔다. 어쩐지 공룡 이름에 대해서만큼은 기억력이 퇴행해 나이를 먹을수록 망각하는 듯했다.

"공룡의 후손으로 추정되는 생물은 뭘까?"

대학교 강의에서는 이런 질문도 했다.

"도마뱀…?" 도마뱀은 공룡처럼 이궁류이기는 하나, 공룡과 거리가 먼 생물이다.

"박쥐?" 이어진 대답에 실소가 나왔다. 몇 가지 오답이 나온 끝에 가까스로 한 학생이 '새'라고 대답해 주었다. "시조새라는 게 있던데요."라고 근거까지 제시하면서 한시름 덜었다.

공룡 이름은 어른이 될수록 잊어버리는 걸까……?
공룡 중에서는 프테라노돈, 티라노사우루스, 트리케라톱스가 가장 유명하다.

같은 질문을 중학교에서 하면 어떻게 될까? "새!"라며 질문을 던짐과 동시에 기세 좋게 정답이 터져 나왔다.

"그럼 아는 새의 이름을 말해 볼까?"

"백조요."

그 대답에 웃고 말았다. 수업은 오키나와 도심지에 있는 학교에서 이루어지고 있었다. 그런데 갑자기 백조라는 이름이 튀어나오다니. 그 뒤로도 오키나와 뜸부기, 참새, 딱따구리, 제비, 펠리컨, 독수리, 오리 등의 새 이름이 나왔다. 나는 또 한 번 웃었다.

아무래도 학생들에게 '새'는 가상의 생물인 듯했다. 어쩌면 그들에게는 '백조'와 '트리케라톱스'가 그리 다르지 않은 존재일지도 모른다. 그래서인지 수업 도중 참새와 동박새의 박제를 보여주자 야단법석을 떨며 좋아했다. "그거 진짜예요?"라면서 말이다. 결국 현대의 아이들에게는 일상의 접점이 없다는 점에서 새나 공룡이나 모두 가상의 동물이었다. 하지만 공룡은 그렇다 쳐도 새는 분명 현실에 존재한다.

그래서 대학교 강의 도중 나는 이렇게 말했다

"프라이드치킨은 새의 사체란다."

프라이드치킨은 음식이기도 하지만 원래 '새의 사체'다. 그런 관점에서 보면 전에는 보이지 않던 것이 보이게 된다.

"새 한 마리를 조각내서 기름에 튀긴 것이 프라이드치킨이란다. 따라서 조각을 짜 맞추면 원래 모습으로 돌아오게 되지. 그런데 한 마리는 모두 몇 조각일까?"

학생들은 그런 걸 생각해 본 적이 없는 듯했다. "열두 조각?" 모두 고개를 갸웃했다. 그래서 질문을 바꿨다. "조각의 수는 짝수일까,

가장 먼저 떠오르는 새 이름은 무엇인가?

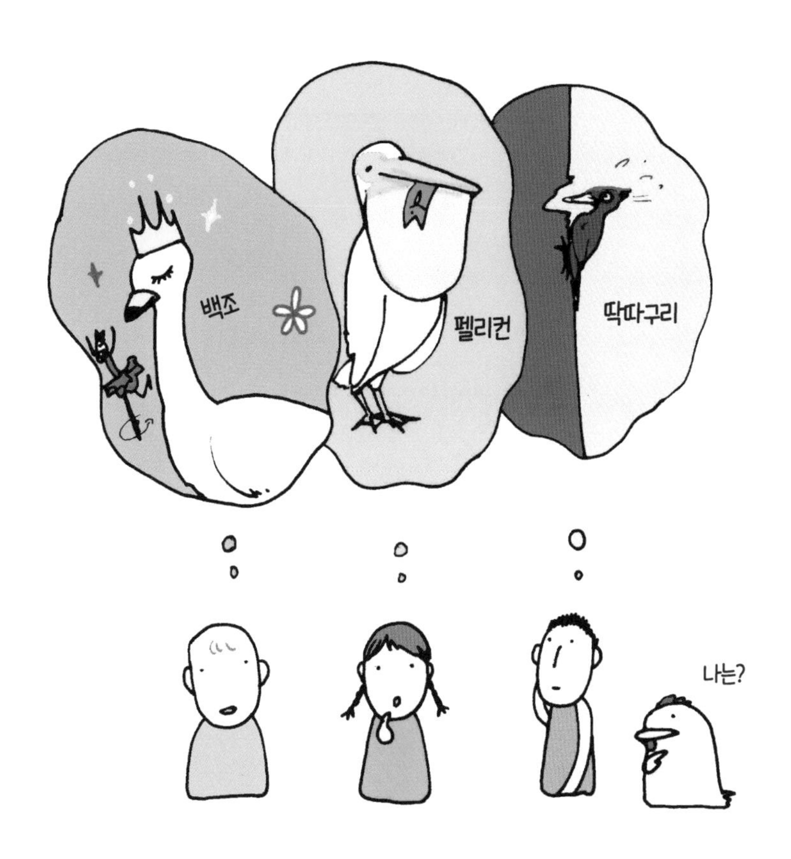

오키나와 아이들에게 물어봤다.
흔히 보는 새의 이름이 맨 먼저 나오지는 않았다.

홀수일까?" 그러자 짝수라고 생각하는 사람이 다섯 명, 홀수라고 생각하는 사람이 한 명 나왔다.

프라이드치킨은 몇 조각인지 닭을 칠판에 그리면서 설명했다.

"우선 날개가 두 조각 있겠지? 그리고 종아리도 두 조각. 안심과 허벅지도 각각 두 조각. 여기까지 여덟 조각이야."

프라이드치킨 조각은 여기에 한 조각이 추가되어 총 아홉 조각이 정답이다.

"마지막 한 조각은 어느 부위일까?"

"목?"

"KFC에서 목을 파는 걸 봤다고?"

"꼬리?"

설마 프라이드 꼬리를 먹어본 사람은 없을 것이다. 마지막 한 조각은 새를 새답게 하는 부분이다.

"그럼 어깻죽지?"

그건 날개에 포함된다. 마지막 한 조각은 날개를 움직이는 근육이 붙은 날개힘살, 즉 가슴살이다.

"아, 알아요. 먹어 봤어요."

그제야 학생들도 생각이 났다면서 고개를 끄덕였다.

프라이드치킨의 뼈

"이렇게 고생하면서 프라이드치킨을 먹는 건 처음이에요."

료마가 투덜댔다. 나는 일주일에 한 번, 대학을 벗어나 산고샤스

프라이드치킨 한 마리는 모두 몇 조각일까? 그 수는 짝수일까 홀수일까?

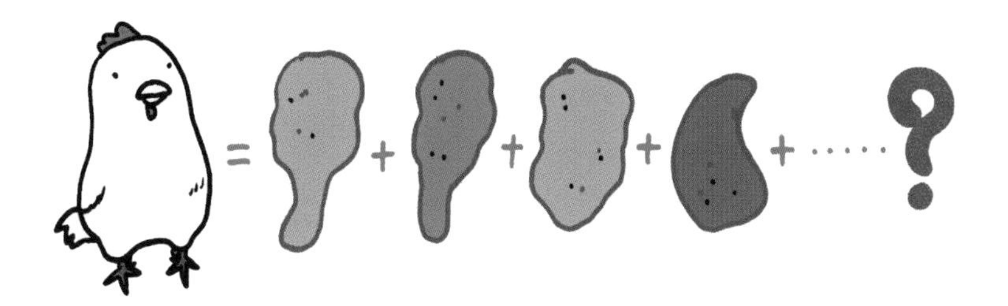

머릿속에서 닭 한 마리를 부위별로 나눠 보자.

콜레라는 NPO가 설립한 작은 학교에서 중고등학생을 가르친다. 그 수업도 학생 수가 열 명 미만이었다. 그런 소규모 수업에서는 실제로 프라이드치킨을 먹는 실습을 진행한다.

"프라이드치킨은 오랜만에 먹어요."

아사쿠라는 신나게 치킨을 뜯었다.

"슌타, 네 뼈는 적은 것 같은데?"

가슴살을 먹는 슌타의 접시에는 왠지 뼈가 적어 보였다. 모르고 뼈까지 먹어 버린 것이다. 원래 이 수업은 프라이드치킨을 먹는 게 아니라 뼈를 관찰하는 게 목적이다. 그래서 료마는 뼈가 사라지지 않도록 특별히 조심해서 먹고 있었는데….

KFC에서 프라이드치킨을 열 조각 사 왔다. 그중에서 각자 마음에 드는 부위를 골라 뼈를 바르게 했다.

"그런데 행운의 조각이 없네요." 한참 치킨을 뜯다가 한 학생이 이렇게 말했다.

프라이드치킨을 이루는 아홉 조각 중에서 가슴은 하나뿐이다. 그래서 가게에서 치킨을 살 때 가슴살이 걸리면 행운이 따른다고 농담 삼아 이야기하고는 했다. 프라이드치킨은 모두 아홉 조각이니, 열 조각을 사면 보통 모든 부위가 포함되기 마련인데 이번에는 그 '행운'의 조각이 빠져 '프라이드치킨으로 행운 점치기'는 물 건너갔다.

3억 1천만 년 전까지 거슬러 올라가면 닭과 인간은 공통 조상에 다다르게 된다. 그래서 둘의 기본적인 골격 구조에는 거의 차이가 없다. 하지만 새는 하늘을 나는 동물이므로 당연히 인간과 다른 부분도 있다. 대표적인 부위가 바로 가슴이다. 인간의 가슴은 판판하

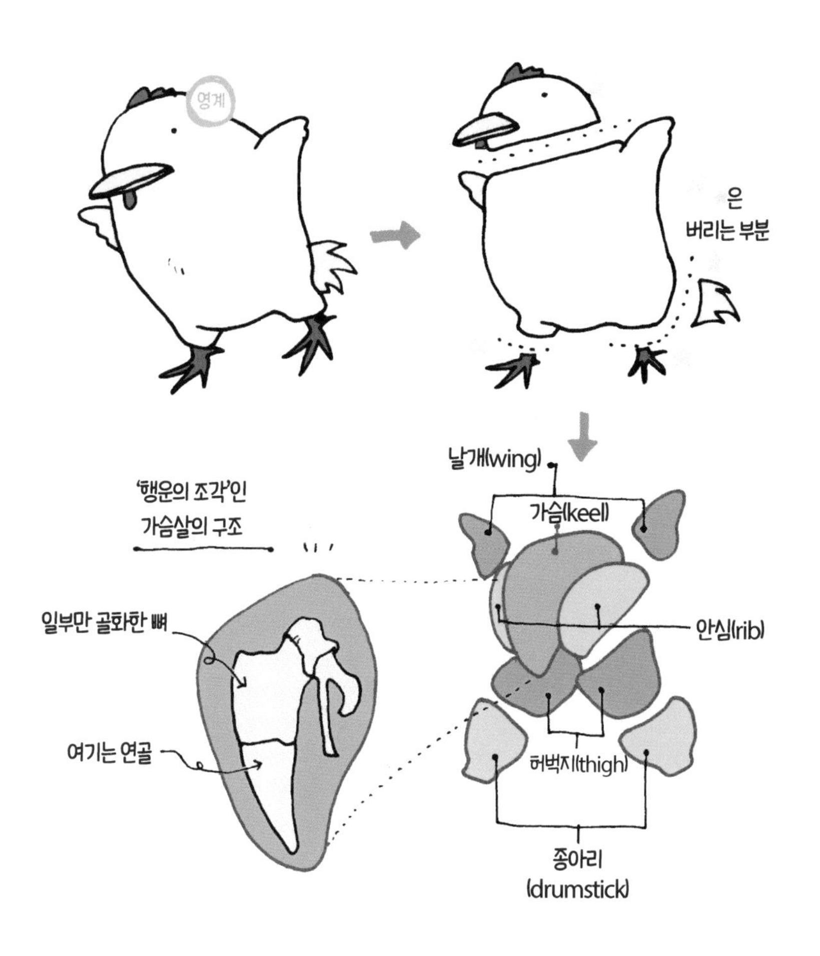

프라이드치킨은 총 아홉 조각으로 구성된다.
하나밖에 없는 것이 용골돌기에 붙은 가슴살이다.

지만, 새의 가슴뼈는 중앙이 돌출되어 있다. 용골돌기라고도 부르는 이곳에는 비행을 위한 근육이 붙어 있다.

흔히들 닭은 날지 못하는 새라고 생각한다. 그러나 닭의 흉골 역시 불룩 솟아 있다. 왜일까? 닭의 조상으로 추정되는 것은 동남아시아에 분포하는 꿩과의 적색야계다. 꿩과에 속하는 새는 장거리 비행에 서툴지만, 단거리를 힘껏 나는 능력은 뛰어나다. 그 힘의 근원이 바로 가슴이다. 프라이드치킨은 어린 닭으로 만들기 때문에 용골돌기 대부분이 아직 연골이다. 닭꼬치 집에서 봤던 연골꼬치 역시 이 부위로 만든다. 그래서 이 부위는 프라이드치킨 중에서도 뼈가 가장 적다.

다른 새로도 눈을 돌려 보자. 용골돌기는 비행 능력과 밀접한 관련이 있다. 따라서 하늘을 날지 않는 타조에게는 용골돌기가 없다. 그 때문에 타조나 에뮤, 키위 등은 과거에 평흉류라고 불린 적이 있다.

어느 날 지인이 뼈를 들고 우리 집에 찾아온 적이 있다.

"바닷가에서 뼈를 발견했는데 정체를 모르겠더군. 거북이 머리인가? 추측해 봤는데 도통 알 수가 없어."

그것은 다소 완만한 헬멧 모양의 뼈였다. 가장자리에는 홈이 둘러져 있었다. 지인은 그걸 가리키며 혹시 이빨이 나 있던 흔적이냐고 물었다.

결론부터 말하자면 그 수수께끼 뼈의 정체는 타조의 가슴뼈였다. 보통은 그런 것이 바닷가에 떨어져 있을 것이라고는 상상조차 못할 것이다. 지인이 이빨의 흔적으로 의심한 것은 갈비뼈가 붙어 있던 자국이었다. 이때 야인에게 받은 타조 뼈가 뜻밖의 형태로 도움

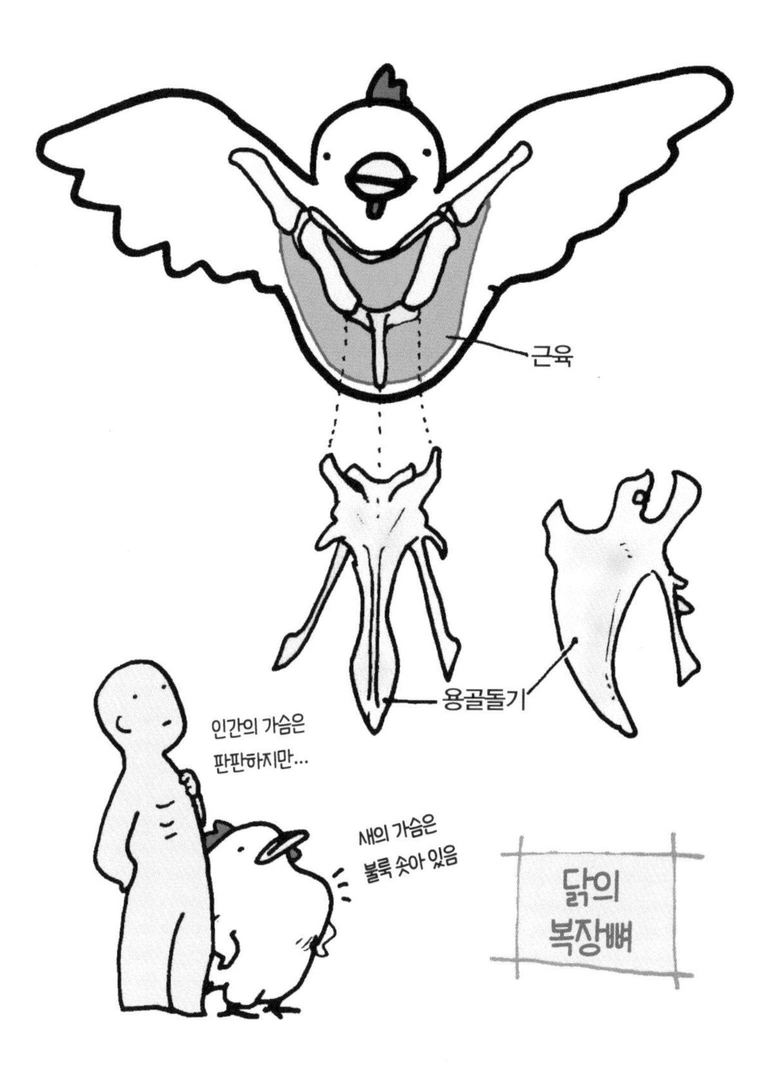

새의 복장뼈에는 용골돌기라는 돌출부가 있다.
그곳에는 나는 데 필요한 근육이 붙어 있다.

이 됐다. 실물을 한 번이라도 봤다면 타조 가슴뼈는 감정하기 쉽다. 기낭에 들어찬 타조 가슴뼈는 가벼워서 물에 뜬다. 그래서 바닷물에 떠밀려 온 것이리라. 아마 오키나와에도 타조 목장이 있으니 그곳에서 흘러나온 것이겠지.

말이 나왔으니 말인데, 시조새의 화석에는 이 용골돌기가 없다. 그래서 가장 오래된 새지만 얼마나 잘 날아다녔을지 의심스럽다. 조류 화석 전문가인 앨런 페두차는 저서인 『The Origin and Evolution of Birds새의 기원과 진화』에서 시조새에게는 연골로 된 용골돌기가 있어 날개를 퍼덕여 날 수 있었을 것이라 주장했다. 프라이드치킨의 용골돌기는 대부분 연골인데, 꿩과의 새끼 새나 어린 새는 이처럼 연골로 된 용골돌기를 가졌음에도 날 수 있다는 것이 가설의 근거였다.

가슴을 이루는 뼈

"이건 안심… 가슴 안쪽 살이야. 여기에는 무슨 뼈가 있는지 알겠니?"

치킨을 먹고 나서 남은 뼈를 모아 설명을 시작했다.

"아니, 어깨뼈야. 이것이 오훼골이고. 그리고 이것이 빗장뼈지. 팔뼈… 즉 날개는 이 어깨뼈와 오훼골이 합류하는 오목한 곳에 붙어 있단다."

안심에는 어깨뼈, 오훼골, 빗장뼈, 갈비뼈에 더해 복장뼈 끝 등이 포함된다. 물론 프라이드치킨의 척추뼈는 손질 단계에서 좌우로 갈

수수께끼의 뼈 발견! 이것은 대체 누구의 무슨 뼈일까?

오키나와 바닷가에 떨어져 있던 것을 지인이 발견했다.

라진다. 나는 남은 뼈를 되도록 원래 닭에 가깝게 배열해 나갔다.

새는 어깨뼈 근처에 오훼골이라는 독립된 뼈가 있다는 점에서 인간과 다르다. 어깨뼈는 귀에 익숙할지 몰라도 오훼골이라는 말은 생소할 것이다. 그런데 어깨뼈와 오훼골은 어류에서도 볼 수 있는 뼈다. 물고기의 가슴지느러미 아래에 '도미를 닮은 뼈'가 있다는 말을 들어 봤는가? 그것이 바로 어깨뼈와 오훼골이다. 따지고 보면 인간도 오훼골이 있는 조상을 둔 셈이다. 마침내 육지에 오른 척추동물에게 어깨뼈와 오훼골은 부력이 작용하지 않는 땅 위에서 체중을 지탱하고 몸을 움직이는 데 중요한 뼈가 되었다.

이누즈카 노리히사의 저서, 『退化の進化学퇴화의 진화학』에는 오훼골의 역사가 소개되어 있다. 이 책을 보면 종에 따라 어깨뼈가 다르게 발달한다고 한다. 양서류나 초기 파충류처럼 사지가 몸통 옆에 달린 구조는 움직일 때 가슴이 끌리지 않도록 상체를 받칠 필요가 있고, 그래서 어깻죽지보다는 팔꿈치에 힘이 들어간다. 그 결과 어깻죽지 아래에 있는 오훼골이 발달한다. 반면 포유류처럼 사지가 몸통 아래로 뻗은 구조는 움직일 때 어깻죽지 위에 있는 근육이 체중을 지탱해 어깨뼈가 더 발달한다.

개구리나 도마뱀의 골격 표본을 만들 때 보니 오훼골이 어깨뼈만큼 컸다. 왜 그렇게 오훼골이 발달했는지 의아했는데, 이는 사지의 형태와 관련이 있었다. 포유류 중에는 아직 원시적인 형태가 남아 있는 오리너구리에게서 독립된 오훼골을 볼 수 있다. 인간은 오훼골이 어깨뼈와 합쳐져 원래 오훼골이었던 부분이 지금의 오훼돌기로 진화했다. 그래서 인간은 어깨뼈만 있는 것처럼 보인다.

프라이드치킨을 먹다 보면 닭도 어깨뼈와 오훼골이 함께 발달했

따지고 보면 인간의 어깨뼈는 물고기의 가슴지느러미 밑에 있는
이른바 '도미를 닮은 뼈'에서 유래했다.

음을 알 수 있다. 『ニワトリの動物学닭의 동물학』을 보면 이런 문장이 있다.

나는 능력이 뛰어난 새는 역시 오훼골이 두껍게 발달해 있다.

새는 날아오르기 위해 날개를 위아래로 움직인다. 그 운동에는 어깨뼈뿐만 아니라 오훼골도 관여한다. 반면 날지 못하는 타조는 오훼골이 퇴화해 어깨뼈와 합쳐진 형태다. 물고기의 가슴지느러미 아래에 있는 뼈와 살짝 비슷하게 생기기도 했다. 박물관에 가서 이족 보행을 하던 육식공룡의 표본을 관찰하면 타조처럼 일체화된 견갑오훼골을 눈으로 확인할 수 있다.

어깨뼈 중에 비행과 관련된 것이 하나 더 있다. 바로 빗장뼈다. 특별히 차골이라고 부르기도 하는 새의 빗장뼈는 그 이름처럼 좌우가 융합해 V자를 그리고 있다. 서양에서는 위시본wishbone이라고 부르는데, 두 명이 부러질 때까지 뼈를 잡아당겼을 때 더 큰 조각을 얻은 사람에게 행운이 찾아온다는 미신에서 비롯되었다. 그러니 이것이야말로 진정한 '행운의 뼈'라고 할 수 있다. 다만 프라이드치킨의 빗장뼈는 손질 단계에서 둘로 나뉜다.

비록 둘로 나뉘어 있기는 하나, 프라이드치킨을 보면 닭의 빗장뼈가 발달했음을 알 수 있다. 인간도 있는 뼈이므로 닭이 빗장뼈를 가지고 있다는 사실이 그리 놀랍지 않을지도 모른다. 하지만 포유류 중에는 빗장뼈가 퇴화한 종이 수두룩하다. 가령 개나 소에게는 없다. 이와 관련해 동물 해부학자인 엔도 히데키가 쓴 『解剖男해부남』을 보면 이렇게 언급되어 있다.

네 다리로 체중을 지탱하고 간혹 지면을 차는 동물에게 어깨의 빗장뼈는 오히려 무의미한 군더더기인 듯하다.

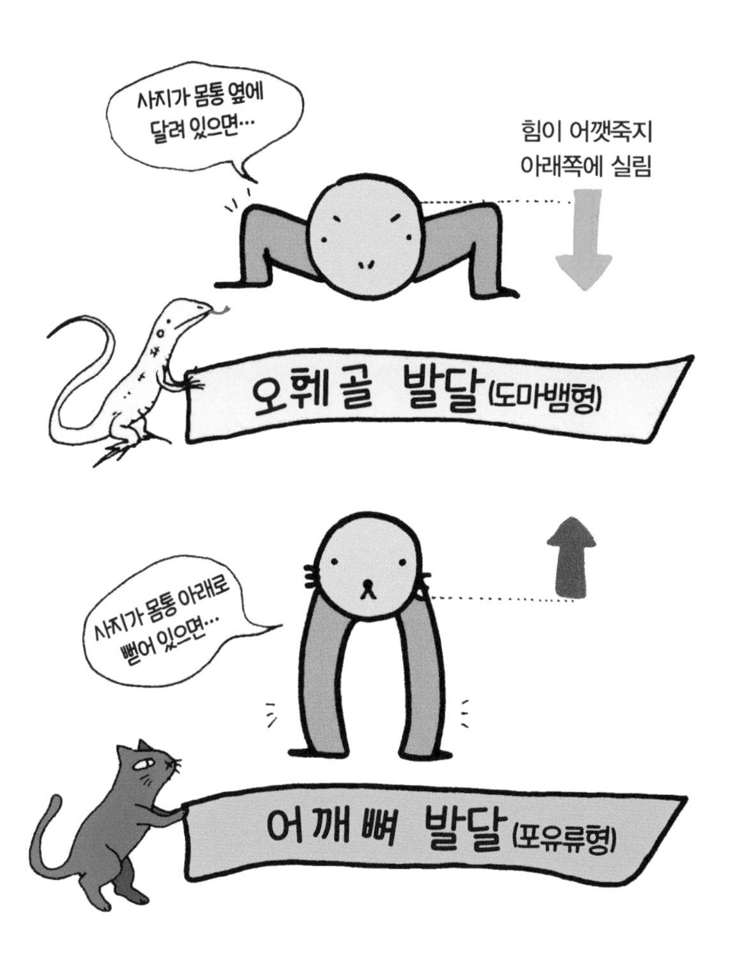

사지 형태에 따른 어깨뼈의 차이를 살펴보자.

인간에게 빗장뼈가 있는 이유는 나무 위에서 생활하던 원숭이의 역사를 계승했기 때문이다.

박쥐도 포유류에 속하지만 근사한 빗장뼈를 가졌다. 박쥐처럼 하늘을 나는 새에게도 빗장뼈는 필수다. 그러나 날지 않는 타조는 빗장뼈가 퇴화하고 말았다. 한편 똑같이 하늘을 나는 새라도, 빗장뼈의 형태는 비행 능력에 따라 다르다. 『ニワトリの動物学닭의 동물학』에 따르면 비행 능력이 뛰어난 새는 V자의 간격이 넓다고 한다. 따라서 빗장뼈가 좁은 닭은 비행 능력이 별로 높지 않다고 볼 수도 있다.

이 빗장뼈 때문에 과거에는 새와 공룡을 근연종으로 보지 않았다. 공룡 화석에는 빗장뼈가 발견되지 않았기 때문이다. 그만큼 빗장뼈는 새에게 중요한 뼈라는 인식이 있다. 지금은 공룡에게도 빗장뼈가 있었음이 밝혀져 새는 공룡의 후손임을 뒷받침하고 있다.

허벅지와 종아리를 이루는 뼈

이어서 허벅지와 종아리에 있는 뼈도 관찰했다.

"이것이 허벅지… 허리와 이어진 부위야. 여기가 넙다리뼈지. 그리고 소라가 먹은 부분, 즉 종아리는 이 넙다리뼈와 이어져 있단다."

허벅지에는 넙다리뼈가 지나고, 그 위에는 허리뼈가 붙어 있다.

"발의 비늘로 덮인 부분은 종아리에 포함되지 않는 거죠?"

소라가 물었다.

우리가 흔히 닭 다리라고 부르는 부위는 허벅지 밑의 종아리가

새의 빗장뼈는 각각 다르다.
V자의 간격이 넓을수록 비행 능력이 뛰어나다.

중심인 부위다. 소라가 말하는 비늘로 덮인 부분이란, 인간으로 치면 발등에 해당한다. 발끝으로 서 있는 새는 이 부분이 발달했다. 소라 말대로 이 부분은 식용으로 쓰지 않는다. 다만, 엄밀히 말하면 조금은 포함되어 있다.

먹고 난 프라이드치킨의 뼈는 살점이 완벽히 제거되지 않아 자세히 관찰하기에 적합하지 않다. 게다가 그냥 놔두면 당연히 썩는다. 그러니 섞이지 않게 부위별로 모은 다음 끓는 물에 몇 번 우려 기름을 빼는 게 좋다. 충분히 기름이 빠졌으면 틀니 세정제 용액이 담긴 그릇(윗부분을 커터칼로 자른 빈 페트병을 쓰면 편하다)에 뼈를 넣은 뒤 한동안 방치하면 깨끗한 골격 표본을 만들 수 있다.

이렇게 다리뼈를 표본으로 만들면 다리가 여러 개의 뼈로 이루어져 있음을 알 수 있다. 가장 크고 긴 뼈가 정강뼈다. 앞서 프라이드치킨에 쓰이는 닭은 용골돌기가 아직 연골인 어린 개체라고 말했다. 그런 닭은 뼈가 완전히 골화되지 않아 냄비에 삶는 동안 골단이 본체에서 빠져 버릴 때가 있다. 정강뼈도 골단이 분리되기 쉽다. 정강뼈 옆에는 더 짧고 가는 뼈가 나란히 붙어 있다. 그것은 종아리뼈다. 인간의 정강이에도 정강뼈와 종아리뼈가 있다. 그러나 닭의 종아리뼈는 퇴화해 끝이 실낱처럼 가늘다. 새는 하늘을 날아야 하므로 퇴화나 통합을 통해 군더더기를 줄이는 등 최대한 뼈 구조를 합리화했다.

정강이 끝에 달린 '비늘로 덮인 부분'은 부척골이라 부르는 새의 발등뼈다. 인간의 경우 여러 개의 발목뼈가 모여 발등을 형성한다. 하지만 겉보기에 새는 발목에 해당하는 발목뼈가 없다. 기존의 발목뼈를 둘로 나눠 각각 정강뼈와 발등뼈로 합쳐졌기 때문이다. 이

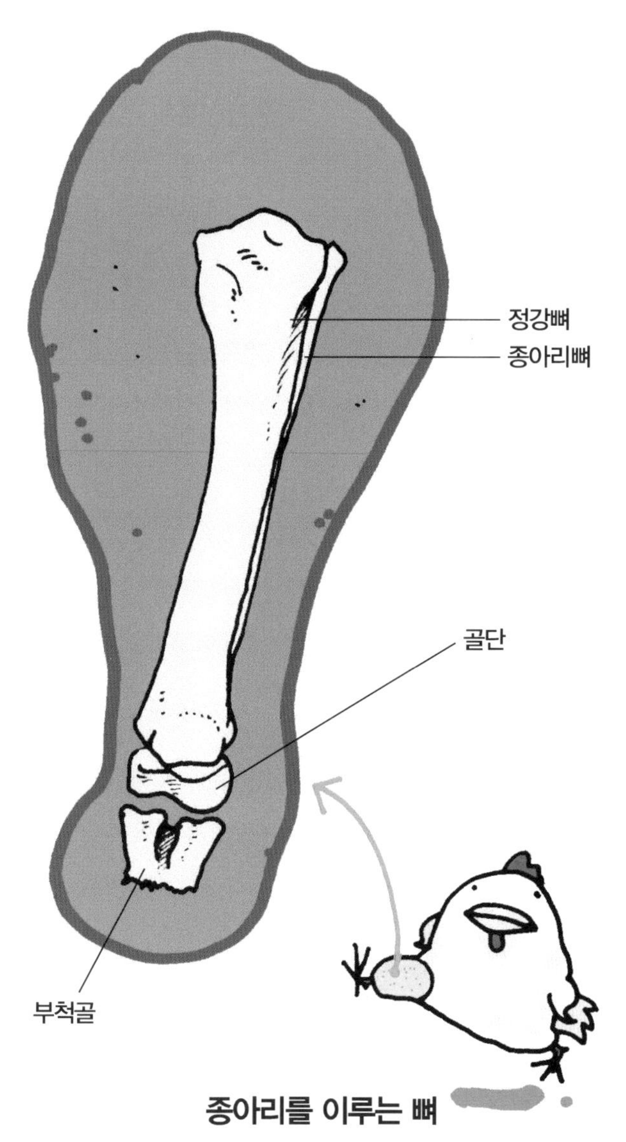

종아리를 이루는 뼈

끝이 세 갈래로 나뉘어 있다.
원래 여러 갈래였던 발허리뼈가 하나의 부척골로 융합하면서 남은 흔적이다.

것도 날기 위한 뼈 합리화 중 하나다. 그래서 정강뼈가 느닷없이 발등뼈로 이어지는 것처럼 보인다. 사실 다리뼈를 삶을 때 정강뼈에서 빠져 버리는 골단은 원래 발목뼈였던 부분이다.

다리뼈에서 주축이 되는 것은 정강뼈지만, 편의점에서 파는 닭다리를 제외하면 발뼈도 일부 섞여 있었다. 그것이 부척골 상단이다. 그러니 비늘로 덮인 부분도 일부 포함된 셈이다. 덤과도 같은 그 뼈가 참 흥미롭다. 자세히 보면 부척골 상단에는 홈이 나 있다. 그게 무엇인가 하면 원래 여러 갈래였던 뼈가 하나의 부척골로 합쳐진 흔적이다. 부척골은 어른 닭이 되면 완전히 합쳐진다. 그러나 어릴 적에는 아직 조상의 모습이 어렴풋하게 남아 있다. 시조새의 골격도를 보면 부척골에 뼈 세 개가 모여 있음을 명확히 확인할 수 있다. 공룡의 부척골은 각각의 뼈를 더 분명하게 구분할 수 있다. 인간도 발등의 발허리뼈 다섯 개가 제각기 떨어져 있다. 닭의 다리뼈는 공룡에서 새로 진화하는 과정의 단편을 엿볼 수 있는 창문인 셈이다.

그 밖에 허리에서도 뼈가 합쳐진 정황 등이 관찰되지만 반복된 설명을 피하고자 생략하겠다. 어린 닭의 허리뼈는 여러 개의 뼈로 이루어져 있어 삶으면 마구 흩어져 버린다. 하지만 어른 닭의 허리뼈는 단단히 융합해 서로 떨어지지 않는다.

"이게 무슨 동물의 머리뼈죠?"

언젠가 바닷가에서 주웠다는 수수께끼의 뼈를 감정하게 되었다. 알고 보니 어른이 된 닭의 허리뼈였다. 그런데 듣고 보니 무언가의 머리뼈 같기도 했다.

"앗, 닭의 허리뼈라고요? 틀림없이 희귀한 동물의 머리인 줄 알

부척골의 진화

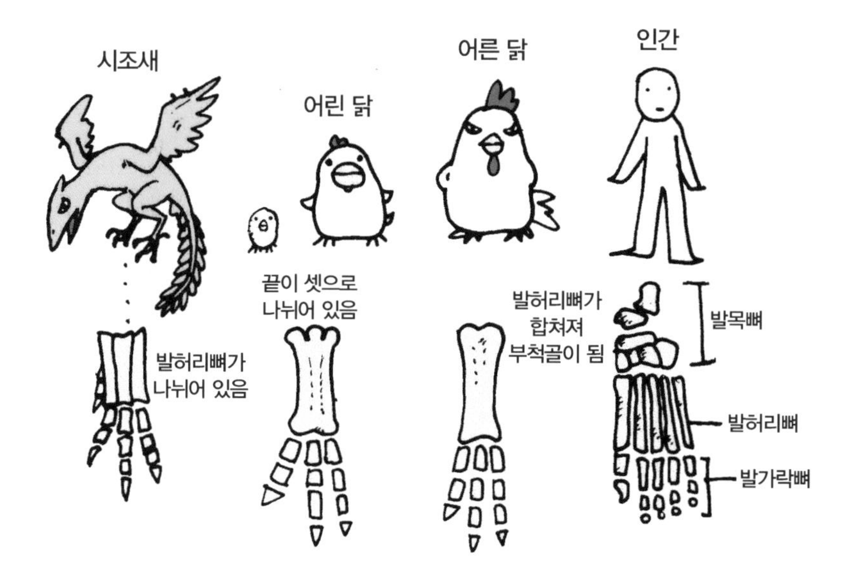

인간과 시조새는 발허리뼈가 나뉘어 있지만
새의 발허리뼈는 융합해 하나의 부척골이 되었다.

고 보여 줄 생각에 신나 있었는데……."

정말 뼈가 되어 버리면 정체를 알 수 없는 법이다.

날개를 이루는 뼈

니혼대학 축제에 초대받아 갔을 때 야생동물학 연구실 학생들이 참가자와 함께 진행한 것도 프라이드치킨 뼈 바르기 체험이었다. 그때 행사장에 배포된 전단지에는 이런 문구가 적혀 있었다.

'치킨을 한 조각만 먹을 수 있다면 어느 부위를 고르는 것이 이득일까?'

또한, 이 문구와 함께 조각별로 뼈와 고기의 무게를 잰 결과가 실려 있었다. 나도 그렇게까지는 한 적이 없었기에 감탄했다. 그 내용에 따르면 살점이 가장 많은 부위는 허벅지로 122그램이었다. 반대로 가장 적은 부위는 날개로 고작 72그램에 불과했다.

고기의 양은 적을지 몰라도 뼈를 관찰할 때만큼은 날개가 매력적이다. 어쨌거나 새가 나는 데 날개는 필수적인 부위니까.

날개뼈를 어깻죽지부터 살펴보자. 가장 먼저 눈에 들어오는 것이 위팔뼈다. 이어서 팔꿈치 관절을 지나 아래팔에는 노뼈와 자뼈가 있다. 여기까지는 인간과 다르지 않다. 인간은 손목 부분에 손목뼈라고 부르는 뼈가 있다. 그런데 『退化の進化学퇴화의 진화학』에 따르면 이 손목뼈의 개수가 사람마다 다른 모양이다. 보통 여덟 개지만 사람에 따라 아홉 개, 드물게는 열 개인 예도 있다고 한다. 척추동물은 기본적으로 손목뼈가 열두 개다. 인간은 그중 몇 개가 퇴화 · 융

"희귀한 생물의 머리뼈인가요?"
아뇨, 그건 닭 허리뼈예요….

합되었다. 앞서 말했듯 새는 인간보다 뼈의 퇴화·융합이 심하다. 닭의 손목뼈는 겨우 두 개뿐이다. 날개를 먹을 때 집중해서 보면 그 작은 뼈를 발견할 수 있을 것이다.

다소 전문적인 내용이 될 텐데, 두 개의 손목뼈에는 각각 자쪽손목뼈, 노쪽손목뼈라는 이름이 붙어 있다.

닭의 날개를 인간의 팔이라고 쳐 볼까? 손바닥을 밑으로 한 채 팔을 앞으로 뻗어 보자. 그때 손목 바깥(새끼손가락)쪽에 위치하는 것이 닭의 자쪽손목뼈다. 그리고 안(엄지손가락)쪽에 위치하는 것이 노쪽손목뼈다.

자쪽손목뼈는 반달뼈라고도 한다. 크기는 6밀리리터 정도밖에 되지 않는다. 그래서 날개를 먹을 때 특히 주의하지 않으면 모르고 먹어 버리기 쉽다. 그 정도로 작지만, 자쪽손목뼈는 새가 새답기 위해 꼭 필요한 뼈다.

『恐竜はこうして鳥になった공룡은 이렇게 새가 되었다』에는 자쪽손목뼈에 대해 다음과 같이 소개되어 있다.

이 반달 모양의 뼈는 매우 중요하다. 덕분에 손목을 위아래뿐만 아니라 양옆으로도 움직일 수 있다.

다시 한번 팔을 뻗어 손을 움직여 보자. 손바닥은 손목을 중심으로 몇 가지 방향으로 꺾을 수 있다. 상하 운동, 좌우 운동, 회전 운동. 이 중에서 우리 인간에게 어려운 것이 좌우 운동이다. 특히 새끼손가락 쪽으로는 별로 꺾이지 않는다. 그러나 새는 자쪽손목뼈가 있어서 인간보다 쉽게 날개를 새끼손가락 쪽으로 꺾을 수 있다. 이것이 무엇을 의미할까? 새는 새끼손가락 쪽에 날개깃이 달려 있다. 따라서 날개를 새끼손가락 쪽으로 꺾을 수 있다는 것은 이 날개깃

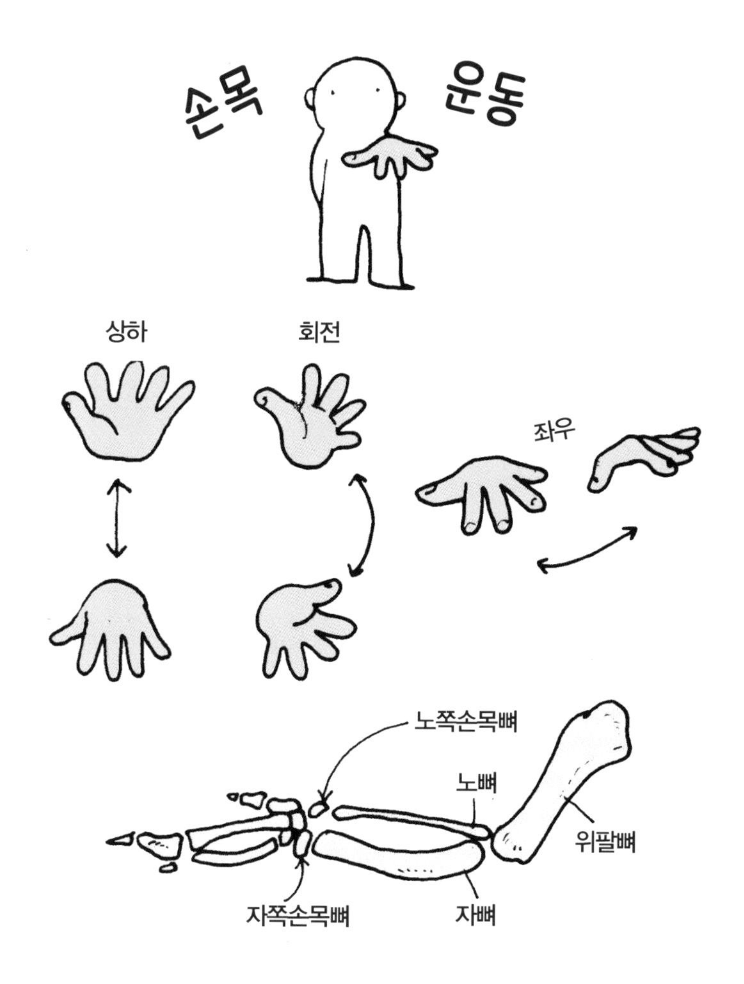

새의 날개뼈 중에서 자쪽손목뼈는 날개를 움직이는 데 중요한 역할을 한다.

을 몸 바깥쪽으로 접어 몸통에 딱 붙일 수 있음을 뜻한다.

파디언의 글에는 새에게서 볼 수 있는 이 자쪽손목뼈를 수각류 공룡 벨로키랍토르에게서도 볼 수 있다고 적혀 있다.

현대 새와 거의 똑같이 긴 팔을 바깥쪽으로 접을 수 있었다. 그뿐 아니라 팔을 회전하거나, 먹잇감을 겨냥하여 재빨리 앞으로 뻗을 수도 있었다.

이게 사실이라면 자쪽손목뼈는 비행 수단이 아니라 원래 우수한 사냥꾼의 도구였던 셈이다. 그것이 어느덧 날개를 접는 데 없어서는 안 될 부품으로 변화했다. 결국 이 작은 뼈도 새와 공룡의 깊은 연관성을 시사한다.

날개뼈를 좀 더 자세히 관찰해 보자.

손목뼈 끝에 있는 것이 손허리뼈와 손가락뼈다.

인간의 손에는 다섯 개의 손가락이 있고 손가락이 시작되는 손등 부분에는 각 손가락에 대응하는 손허리뼈가 다섯 개 있다. 그런데 닭 날개에는 손가락이 세 개뿐이라고 제1장에서 말했다. 손가락이 세 개라면 손허리뼈도 세 개여야 할 텐데 새는 이 뼈에서도 퇴화 · 융합이 일어났다.

프라이드치킨의 날개뼈를 보면 알겠지만, 손허리뼈가 두 개뿐이다. 다른 하나는 사라지고 없다. 누누이 말하지만 프라이드치킨은 어린 닭으로 만든다. 그래서 손허리뼈가 둘로 나뉘어 있다. 그러나 다 큰 닭은 하나로 융합한다. 예를 들어 스기모토가 바닷가에서 주워 온 제1장의 닭 뼈는 손허리뼈가 완벽하게 하나로 융합되어 있었다. 그것은 식탁 위에서는 좀처럼 볼 수 없는 구조이므로 프라이드치킨 뼈와 비교하기에 딱 좋았다.

사냥할 때 유용하게 쓰였던 팔의 구조가
어느덧 날개를 접는 데 기여하게 되었다.

손허리뼈의 끝에는 손가락뼈가 있다. 날개뼈를 해체하면서 놀라웠던 것이 바로 이 부분이었다. 새의 날개에는 엄지, 검지, 중지가 있다는 건 이미 말했다. 그중 엄지에 주목한 순간이었다. 마디가 두 개인 걸 보고 어안이 벙벙해졌다.

우치다 도오루의 저서, 『動物系統分類学10(上)脊椎動物(Ⅲ)동물계통분류학 10(상), 척추동물(Ⅲ)』에는 새 골격을 설명하는 부분에 멧비둘기의 전신 골격도가 실려 있다. 그림을 보면 엄지는 한 개, 검지는 두 개, 중지는 한 개의 마디로 이루어져 있다. 인간은 각각 두 개, 세 개, 세 개이므로 손가락에서도 퇴화 · 생략이 일어난 셈인데 문제는 엄지손가락의 마디 수였다. 비둘기는 한 개지만 닭은 두 개인 걸까?

프라이드치킨은 튀김옷이 입혀져 있어 작은 뼈를 관찰하기는 힘들다. 그러므로 슈퍼에서 생닭 날개를 사 와서 관찰했다. 그러다가 더욱 어안이 벙벙한 것을 목격했다.

생닭 날개를 자세히 보니 엄지 끝에 무언가 삐죽 솟아 있었다. 물론 전에도 여러 번 날개를 먹어 봤지만 그런 건 처음이었다. 핀셋으로 쿡쿡 찔러 보니 한 장의 얇은 껍데기였다. 불현듯 어떤 생각이 스쳤다. 혹시 손톱의 흔적이 아닐까?

타조 날개에서 손톱을 발견했을 때는 마치 공룡을 보는 듯해서 놀랐다. 닭에게는 손톱이라고 단언할 만한 것이 붙어 있지 않다. 다만 손톱이 붙은 매우 작은 뼈가 완전히 퇴화하지 않고 남아 있다.

어린 닭에게는 조상의 흔적이 더 뚜렷이 남아 있음을 다리뼈에서 확인했다. 그보다 더 어린 닭에게서는 손톱도 더 뚜렷이 관찰되지 않을까? 그런 생각에 부화 직전의 알 속을 들여다봤다. 그러자 아직 배아라고 부르는 태어나기 전의 병아리에게서 놀라운 점을 발견했

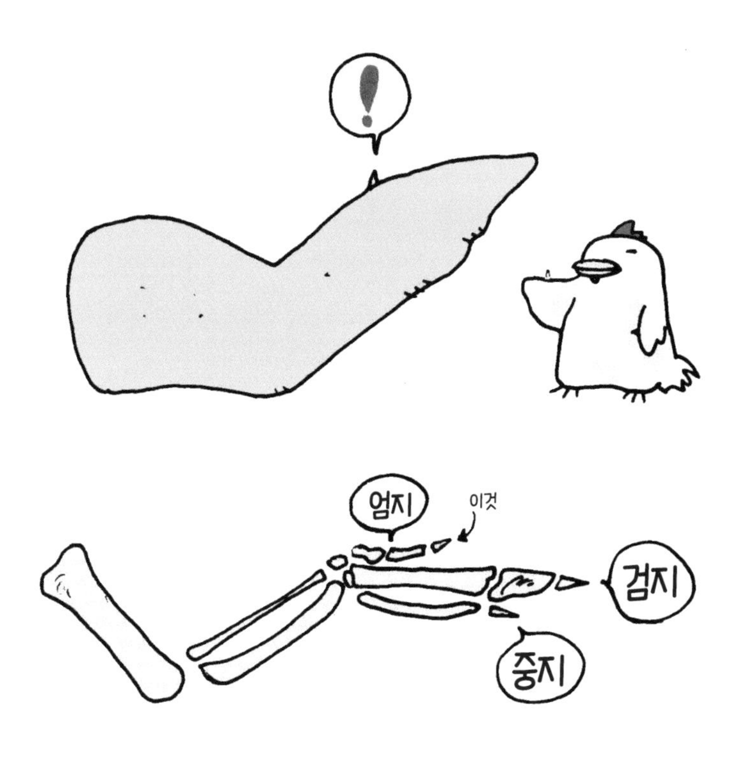

슈퍼에서 파는 날개를 자세히 보니
엄지 끝에 손톱의 흔적으로 보이는 작은 돌기가 있었다.

다. 슈퍼에서 파는 닭보다 손톱이라고 할 만한 형태가 더 뚜렷하게 보인 것이다.

이번에는 어른 닭의 엄지 뼈를 살펴보자. 상대적으로 큰 첫째 마디는 14밀리미터다. 반면 손톱의 흔적이 있는 둘째 마디는 2밀리미터에 불과하다. 그러니 먹을 때 조심하면 프라이드치킨의 날개에서도 그 작은 뼈를 볼 수 있다. 그것은 아마도 프라이드치킨에서 볼 수 있는 가장 작은 뼈일 것이다.

날개의 손가락뼈는 새와 공룡의 관계를 밝히는 열쇠이기도 하다. 비록 실감할 수 없으나 지금까지 우리는 새가 공룡의 후손이라는 학설에 따라 뼈를 관찰해 왔다. 그런데 이 학설에 이견이 없는 건 아니다. 가령 『The Origin and Evolution of Birds새의 기원과 진화』를 쓴 페두차는 새의 공룡기원설에 정면으로 반박한다. 그가 내세우는 큰 근거가 날개의 손가락이다.

새의 날개에는 세 개의 손가락이 있다.

공룡의 앞발에도 세 개의 발가락이 있다.

공룡 앞발에 있는 발가락은 엄지, 검지, 중지다.

이 세 가지 전제에는 아무도 이의를 제기하지 않는다.

문제는 '새의 날개에 있는 손가락은 엄지, 검지, 중지다'라는 전제다.

페두차는 닭의 배아 발생을 연구해 새 날개에 있는 손가락은 검지, 중지, 약지라고 주장했다. 만약 그렇다면 공룡과 새의 손 · 발가락은 겉으로는 닮아 보이지만 사실 둘 사이에 직접적인 계통 관계는 없다는 결론이 난다.

『恐竜博 2005공룡박람회 2005』는 공룡에서 새로 진화하는 과정을 다루는데 위의 문제를 〈鳥類の恐竜起源説への反論と課題조류의 공

새의 날개뼈 중 손가락은 몇 개일까?

새와 공룡은 모두 앞발(혹은 날개)에 손발가락이 세 개 있다.
그런데 닭에게 달린 손가락이 공룡처럼 엄지, 검지, 중지인지
아니면 공룡과 같아 보이지만 실은
검지, 중지, 약지인지에 대해서는 의견이 엇갈린다.

룡기원설에 대한 반론과 과제〉라는 글에서 언급했다. 새의 손가락이 실제로 어떤 손가락인가 하는 문제는 '현재 가장 중요한 쟁점'으로 소개되었다. 마지막에는 공룡기원설을 뒷받침하는 실험 결과도 속속 발표되고 있다는 말이 간단히 덧붙여졌다. 즉 새 날개의 손가락이 어떤 손가락인지는 아직 결론이 나지 않은 셈이다.

새와 공룡의 관계를 밝힐 열쇠는 날개를 이루는 열두 개의 뼈에 감추어져 있음을 프라이드치킨 뼈를 보며 깨달았다.

하지만 뼈를 일일이 확인하려면 모처럼 먹는 프라이드치킨이 식어 버릴 것을 각오해야 한다.

4장

귀뼈와 눈뼈로 보는 역사

오리탕의 뼈

"오리가 도망쳤으니 빨리 와 줘. 나는 못 잡겠어."

어느 아침, 아직 잠에 취해 있는데 그런 전화가 왔다. 발단은 '모처럼의 야영이니'라는 한마디였다.

내가 출강하는 산고샤스콜레는 일 년에 한 번 모든 학생이 캠핑을 하러 간다. 그해에는 캠핑을 기획하는 단계에서 영어 강사 겐 씨가 '모처럼의 야영이니'라고 말머리를 꺼냈다. 겐 씨는 오랫동안 아시아 국가에서 해외 봉사를 해 왔다. 또 종종 시골에서 근무하기도 한 모양이었다. 그런 그에게 직접 닭을 잡아 카레를 만드는 건 그리 특별하지 않은 일이었다. 하지만 "원래 인간이 닭을 잡는 건 지극히 당연한 일이야. 모처럼의 캠핑이니 우리 모두 생명을 먹고 산다는 사실을 깨달았으면 좋겠다."라는 말은 학생들 사이에 논쟁을 불러일으켰다.

의논 결과 겐 씨의 제안에 따르기로 했다. 그 과정에서 고등학생 유키코의 친척이 오리를 키운다는 사실이 화제에 올랐다. 그렇다면 몇 마리를 얻어 요리하는 쪽으로 가닥이 잡혔다. 캠핑 전날, 유키코가 스콜레에 오리 두 마리를 데려왔다. 물론 아직 살아 있었다. 그런데 그 오리가 밤사이 교실로 도망쳤다는 것이었다. 스콜레로 달려가서 등교를 마친 학생들의 도움을 받아 오리를 도로 케이지 안으로 몰아넣었다.

지바에서 나고 자란 나는 오키나와로 이주할 때까지 오리를 먹어 본 적이 없었다. 그래서 오리란 먹는 것이 아니라 공원 연못에서 헤엄치는 것이라는 이미지가 강했다. 중국이나 대만에서는 오리를 즐

어느 날 일어난 사건…… 오리가 교실로 도망쳤다.

겨 먹는 모양인데 오키나와에 오리를 먹는 문화가 있는 것은 아마 그 영향일 것이다.

오키나와에서는 오리アヒル탕을 올랭이アヒラー탕이라고 부른다. 오키나와 본섬 근처 구다카 섬에서는 구정 전날인 음력 12월 31일, 선달그믐에 이 올랭이탕을 먹는다. 한번은 구정에 구다카에 갔다가 올랭이탕을 얻어먹은 일이 있다. 그때 기념 삼아 남은 뼈를 싸 왔었다.

그런데 산고샤스콜레에는 오리 요리를 할 줄 아는 사람이 아무도 없었다. 그래서 오키나와 토박이 강사 다케의 소개로 오리 요리를 배우러 주점에 갔다. 그런데 어이없게도 주점 주인이 우리 자리에 왔을 때 그는 주점 안에서 그 누구보다 만취한 상태였다.

"오리는 육회로 떠야 맛있지." 고주망태로 취했으면서 주인은 비법을 전수하기 시작했다. "깃털을 뽑은 다음 불에 구워. 그리고 바다에 던지는 거야."

그러면 육질이 단단해진다나. 게다가 그 행동을 몇 번 반복하라고 했다. 어디까지 곧이곧대로 들어야 할지 알 수 없었으나 일단 오리 육회의 비법 소스라는 것을 받아 주점을 나왔다.

캠핑지에서의 오리 요리는 이처럼 처음부터 헤프닝의 연속이었다. 당일에는 비바람이 폭풍우처럼 몰아쳤다. 할 수 없이 겐 씨는 자원한 학생 몇 명을 데리고 방갈로의 욕실에서 오리를 잡았다. 주점에서 배운 대로 회를 뜨기 위해 겐타가 웃통을 벗은 채 빗속에서 모닥불로 오리를 구웠다. 차마 성난 바다에 오리를 던질 수는 없어서 대야에 물을 받아 소금을 풀고 그 속에 담갔다.

많은 우여곡절이 있었으나 오리 육회와 육수는 맛있었다.

오키나와의 향토 음식 올랭이탕 속에 있던 뼈다.

"영어로는 집오리와 들오리가 모두 덕duck이야. 그런데 둘이 뭐가 다르지?"

오리 요리를 먹으며 겐 씨가 물었다.

"거위는요?"

"칠면조와 오리는 전혀 다른 종인가요?"

주위의 학생들도 합세해서 물었다.

궁금할 만도 하다. 가금류는 모두 야생 새를 길들인 것이다. 하지만 어떤 새를 어떻게 길들였는지, 과연 가금류는 서로 어떤 관련이 있는지 학생들은 잘 모를 것이다.

식용으로 쓰이는 가금류에는 주로 닭목 꿩과의 새와 기러기목 오리과의 새가 있다. 최근에는 타조목의 타조도 이용하는 추세다.

꿩과의 가금류를 대표하는 것은 닭이다. 앞서 말했듯 닭의 조상은 동남아시아산 적색야계다(다른 야계의 유전자가 섞였다는 설도 있다). 칠면조도 꿩과의 새다. 이 새는 멕시코 인디언이 가축화했는데, 이후 유럽에 가서 개량되었다가 미국에 역수입되었다고 한다. 메추라기도 꿩과의 일종으로 일본에서 가금화한 유일한 새다(현재 메추리알은 슈퍼에 가면 쉽게 볼 수 있지만 야생 메추리를 보기는 힘들다). 그 밖에 일본에서는 잘 이용하지 않는 아프리카산 호로새도 꿩과의 가금류다.

기러기목의 집오리는 야생에서도 볼 수 있는 청둥오리를 가금화한 종이다. 한편 거위에는 두 계통이 있는데 중국 거위는 야생의 개리, 유럽 거위는 야생의 회색기러기에서 비롯되었다.

그런데 겐 씨와 학생들에게 가금류의 계통을 설명할 때 나조차 간과한 사실이 있었다.

인간이 길들인 새다.

오리의 정체

캠핑 다음 날. 집으로 돌아온 내게는 기념품이 하나 있었다. 그것은 육수를 내고 회로 뜬 오리의 머리였다. 그것이야말로 모처럼의 수확이니 골격 표본으로 만들기 위해 챙겨 왔다. 뼈를 바르는 데는 꽤 시간이 걸린다. 캠핑이 끝나고 시간이 날 때까지 오리 머리는 냉장고 안에 잠들어 있었다.

그사이 내 머릿속에 한 가지 의문이 솟구쳤다. 캠핑할 때 먹은 것은 무슨 오리였을까?

갓 오키나와에 이주했을 무렵 공원 연못에 떠 있는 '이상한 오리'를 본 적이 있다. 몸은 흰색. 모양과 생김새는 오리 같았다. 그런데 눈에서 부리까지 빨간 볏이 붙어 있었다.

"그건 중국 오리야." 새로 사귄 오키나와 출신 친구가 가르쳐 주었다.

"그런 오리도 있구나." 그때는 별로 깊이 생각하지 않고 넘어갔다. 캠핑에서 먹은 것이 바로 이 '중국 오리'였다. 오리나 닭에는 여러 품종이 있다. 그래서 중국 오리도 품종의 하나일 거라고 지레짐작했었다.

그런데 도서관에 가서 찾아봐도 우리가 먹은 오리는 도감에 실려 있지 않았다. 도감의 책장을 넘기는 사이 비로소 내가 착각했음을 깨달았다. 우리가 먹은 것은 오리가 아니었다.

언뜻 보기에 오리를 닮았으나 전혀 다른 가금류 중에 머스코비오리가 있다. 그것은 남미의 야생 오리를 가금화한 것으로 오리와는 아예 조상이 다르다. 야생 머스코비오리와 청둥오리는 깃털 색과 분포지가 전혀 다르므로 혼동할 일이 없다. 하지만 가금화된 품종은 둘 다

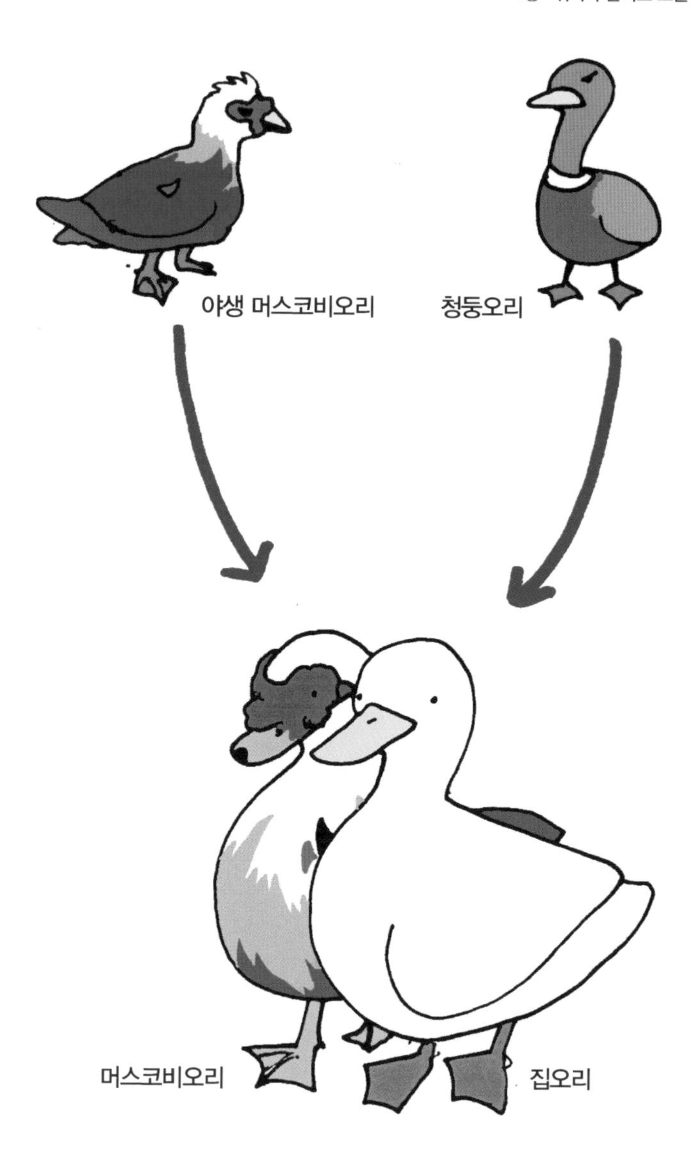

집오리와 머스코비오리는 서로 조상이 다르지만
사육 과정에서 아주 비슷한 모습이 되었다.

깃털이 하얘서 헷갈릴 수 있다. 머스코비오리는 집오리보다 열대성이다. 대만에서는 흔히 사육되어 '대만 오리'라고도 불린다고 책에 적혀 있었다. 아마 중국 오리도 별명 가운데 하나인 듯했다.

책에서 얻은 답을 확인하기로 했다. 다행히 우리 집 냉동실에는 (머스코비오리로 추정되는) 캠핑할 때 먹었던 새의 머리뿐만 아니라, '집오리'의 머리도 들어 있었다. 캠핑하기 몇 달 전 아쓰시라는 학생이 찾아와 바닷가에서 주운 사체라며 주고 간 것이었다. 그것은 머리에 볏이 없으니 집오리가 분명했다. 두 개의 머리뼈를 비교하면 정체가 드러날 듯했다.

냉동실에서 꺼낸 머리를 냄비에 푹 삶았다. 그리고 대충 살점을 바른 뒤 틀니 세정제로 씻어 골격 표본을 만들었다. 완성하고 보니 두 머리뼈는 전혀 달랐다. 서로 다른 종의 머리였다. 결국 캠핑에서 먹은 것은 머스코비오리가 맞았다. 머스코비오리의 머리뼈는 집오리에 비해 폭이 넓고 전체적으로 다소 단단해 보였다. 한편 집오리의 머리뼈는 부리가 길고 그 폭도 넓었다.

부리 모양

앞 장에서는 프라이드치킨을 통해 새 뼈의 여러 가지 특징을 살펴보았다. 프라이드치킨은 새 뼈를 손쉽게 볼 수 있는 좋은 교재다. 그렇지만 프라이드치킨에는 없는 뼈가 몇 가지 있다. 그중 하나가 머리뼈다. 이 장에서는 식탁에 오르는 새의 '식탁에 오르지 않는 부분'을 살펴보겠다.

머리뼈의 차이

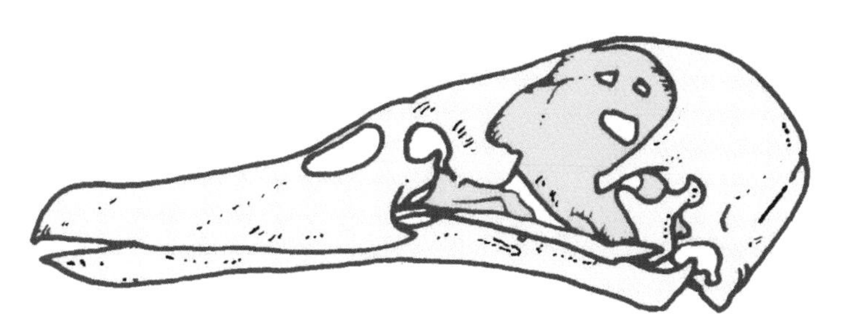

머스코비오리

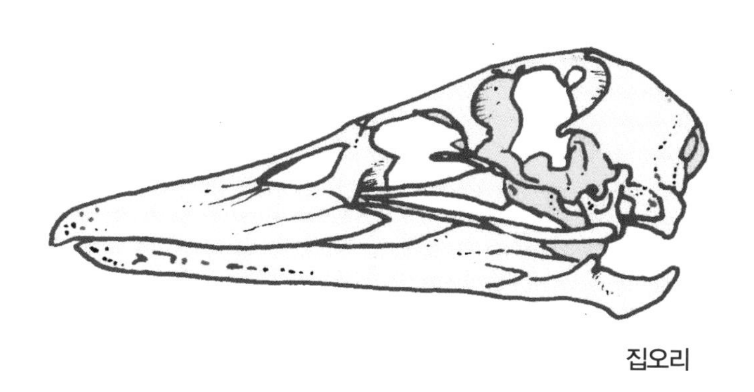

집오리

집오리와 머스코비오리는 서로 닮았으나 머리뼈의 생김새는 아예 다르다.

집오리와 머스코비오리의 머리뼈가 어떻게 다른지 이야기한 김에 다른 오리의 머리뼈도 확인할 생각이다. 내가 가진 몇몇 오리의 머리뼈를 작은 순서대로 나열하면 다음과 같다.

쇠오리	70mm
홍머리오리	82mm
머스코비오리	103mm
흰뺨검둥오리	104mm
집오리	110mm

부리가 넓적한 것은 모두 같다. 하지만 더 자세히 들여다보면 각각의 차이가 눈에 들어온다. 머리뼈 길이에 대한 부리 길이를 비율로 나타내니 가장 수치가 작은 것이 홍머리오리로 41퍼센트였다. 머스코비오리는 45퍼센트, 집오리는 가장 큰 49퍼센트였다.

또 부리 길이에 대한 부리 최대폭의 비율을 구했더니 가장 수치가 작은 것이 쇠오리로 43퍼센트였고, 머스코비오리는 48퍼센트, 집오리는 가장 큰 52퍼센트였다.

홍머리오리는 오리치고 부리가 짤막하고 야무지다. 도감을 보니 수초 등을 좋아한다고 적혀 있었다. 또 다른 책에 따르면 육지에서 풀을 뜯기도 한다고 적혀 있었다. 짤막하고 튼튼한 부리는 그런 식성에 맞을 것이다. 한편 오리과 중에서 훨씬 초식에 적합하고 더 야무진 부리를 가진 것이 거위의 조상인 기러기류다. 예를 들어 흰기러기의 머리뼈는 88밀리미터. 머리뼈 길이에 대한 부리 길이의 비율은 20퍼센트다. 이처럼 다른 오리보다 짤막한 부리는 꽤 두껍다. 꽉 다물린 모양새에서 펜치처럼 풀을 잡아 뜯는 모습이 연상된다.

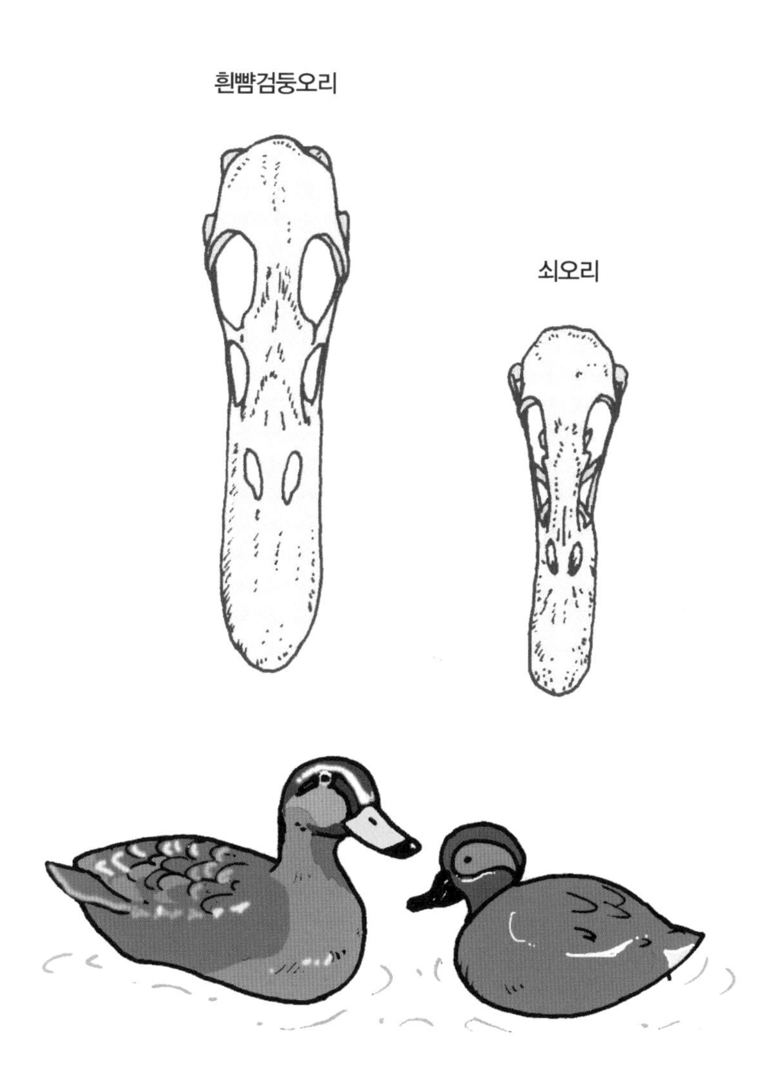

같은 오리라도 머리뼈 모양은 식성에 따라 다르다.

홍머리오리나 기러기류에 비해 쇠오리의 머리뼈는 전체적으로 작을 뿐만 아니라 부리가 가늘고 길다. 오리류의 넓적한 부리는 물을 휘저어 수면이나 수중의 작은 먹이를 퍼 올리는 데 적합하지만, 쇠오리의 가늘고 긴 부리는 먹이를 집어 먹을 수도 있게 발달했다. 극도로 가늘고 긴 부리를 가진 오리가 비오리류다. 이 육식성 오리의 부리는 오리임에도 전혀 넓적하지 않다.

가만 보면 오리의 부리는 풀을 뜯도록 진화한 것과 물고기 따위를 집어먹도록 진화한 것으로 나뉘는 듯하다. 오리답게 가장 크고 넓은 부리를 가진 것이 집오리다. 넓적부리처럼 아예 넓은 부리를 특화시킨 종도 있다. 머스코비오리의 부리는 어느 쪽으로도 그다지 특화되지 않아 오리 중에서는 중간 형태라고 할 수 있다.

골격 표본으로 만들어 놓고 보면 부리뼈는 하얗다. 사실 이건 지극히 당연한 일이다. 하지만 식탁에 새 머리가 오르는 일이 없기 때문인지 '부리 안은 어떻게 생겼나요?'라는 질문을 종종 받는다.

"부리는 뼈 위에 손톱 같은 껍데기가 씌워진 형태예요."라고 대답하면 다들 놀란다(독자 중에도 그런 분이 계실지 모른다).

까마귀나 왜가리의 머리를 삶았을 때는 이 부리 껍데기가 그대로 뼈에서 쏙 빠졌다. 그러나 집오리 머리를 삶았을 때는 껍데기가 뼈에 딱 붙어 있어서 조금씩 떼어 내야 했다. 껍데기를 제거하면 주둥이 끝에 작은 구멍 여러 개가 숭숭 뚫린 것이 눈에 들어온다. 이것은 신경 구멍이다. 집오리는 닭에 비해 훨씬 구멍이 많다. 집오리에게 주둥이는 민감한 감각기관이다. 한번은 흰뺨검둥오리를 집에서 키웠었는데 부리를 만지드럽고 따뜻했다. 부리가 따뜻하다는 것도 일반적인 인식과는 다른 점이지 않을까.

흰기러기의 머리뼈

풀을 뜯는 기러기류의 머리뼈는 오리류에 비해 단단하게 생겼다.

지금까지 식성에 따라 다른 부리 모양에 대해 설명했다. 이제 머리뼈에서 부리를 제외한 다른 부분을 살펴보겠다.

방골의 행방

새 머리뼈를 측면에서 보자. 맨 앞에 부리가 달려 있다. 부리 뿌리 근처에는 콧구멍이 나 있다. 그 옆에 크게 뻥 뚫린 구멍이 눈이 들어가는 눈확이다. 눈확 다음에는 뇌가 들어가는 머리통이 있고 그 밑으로 귓구멍이 나 있다.

포유류와 조류의 머리뼈에서 제일 먼저 눈에 들어오는 차이점은 부리의 존재와 이빨의 유무일 것이다. 하지만 더 큰 차이점은 머리뼈의 다른 부분에 숨어 있다.

"부리는 어떤 뼈로 되어 있을까?" 어느 날 문득 호기심에 해부학 교과서를 펼쳐 보았다.

부리 끝은 앞니뼈라고 적혀 있었다. 그다음 뼈가 위턱뼈이고 부리 뿌리 위에는 코뼈가 있다. 이 모두가 하나인 것 같지만 실은 세 개의 뼈였다.

다음으로 개 머리뼈를 살펴보았다. 코 위에 있는 것이 코뼈. 앞니가 난 부분이 앞니뼈. 송곳니, 앞어금니, 뒤어금니가 난 부분이 위턱뼈였다. 실제 뼈를 보면서 실금으로 나뉜 각 부분의 명칭을 알아보니 오리 부리와 개 주둥이를 구성하는 뼈의 명칭이 완벽하게 일치했다. 조류든 포유류든 머리뼈의 기본 설계는 같은 조상에게서 물려받은 것이기 때문이다. 즉 부리 구조는 보기보다 '특이'하지 않다.

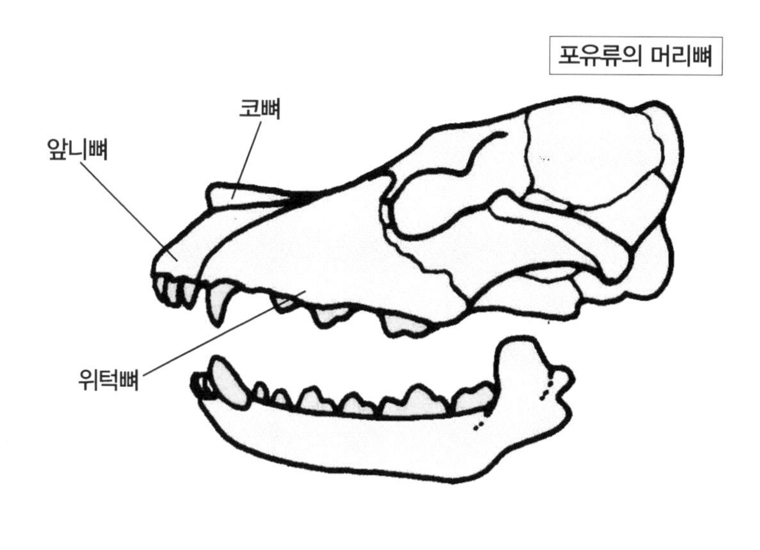

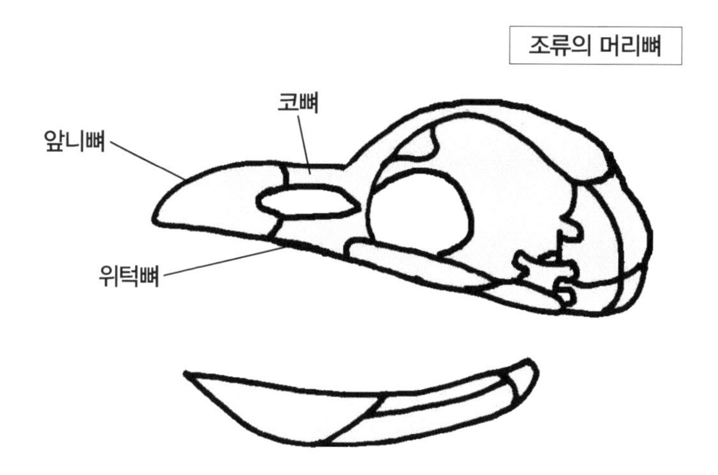

포유류와 조류의 머리뼈는 아주 다르게 생긴 듯하지만
머리뼈를 이루는 각 부위의 구조는 똑같다.

그렇다면 조류와 포유류의 차이는 어느 뼈에서 볼 수 있을까.

포유류의 뼈를 바를 때 머리뼈는 비교적 작업하기 쉽다. 뼈라고는 머리뼈 본체와 아래턱밖에 없기 때문이다. 다만 조심하지 않으면 이빨이 빠져서 어디론가 사라져 버릴 수 있다. 새는 이빨이 빠질 걱정은 없다. 그 대신 다른 뼈가 빠져서 행방불명될 우려가 있다.

조류의 머리뼈는 포유류의 머리뼈에 비해 연약하다. 게다가 냄비에 삶고 틀니 세정제 용액에 담그는 과정에서 머리를 이루는 뼈가 사라지기 쉽다. 그 대표적인 것이 방골이다.

눈확 아래쪽, 부리 뿌리에서 귓구멍에 걸쳐 아주 가느다란 막대 모양의 뼈가 뻗어 있다(개의 머리뼈에서는 눈확 아래쪽에 튀어나온 반달 모양의 뼈가 그것이다). 이 막대 모양의 뼈를 귀뿌리 근처에서 머리뼈 본체와 잇는 것이 방골이다. 이 방골은 위턱과 아래턱의 관절로도 기능한다.

머리의 주된 뼈를 연결하는 만큼 방골은 새에게 중요하다. 그렇지만 단순히 '골격 표본을 제작한다'라는 관점에서 보면 '잃어버리기 쉬운 성가신 뼈'일 뿐이다. 개에게는 이런 뼈가 없다. 이 방골이야말로 조류와 포유류의 머리뼈에서 크게 다른 점이다.

머리뼈를 조사하는 사이 방골이 뼈의 역사에서 중요 참고인임을 알게 되었다.

오리뼈를 바를 때 무심코 오리 머리뼈를 틀니 세정제 용액 속에 오래 방치해 아래턱뼈가 완전히 해체된 적이 있다. 작업자로서는 큰 실수였으나 그로써 조류와 포유류의 머리뼈가 다르다는 사실을 몸소 깨달았다. 왜냐하면 포유류에서는 절대 일어나지 않을 일이기 때문이다. 포유류의 아래턱은 치아뼈라는 뼈 하나로 이루어져 있다.

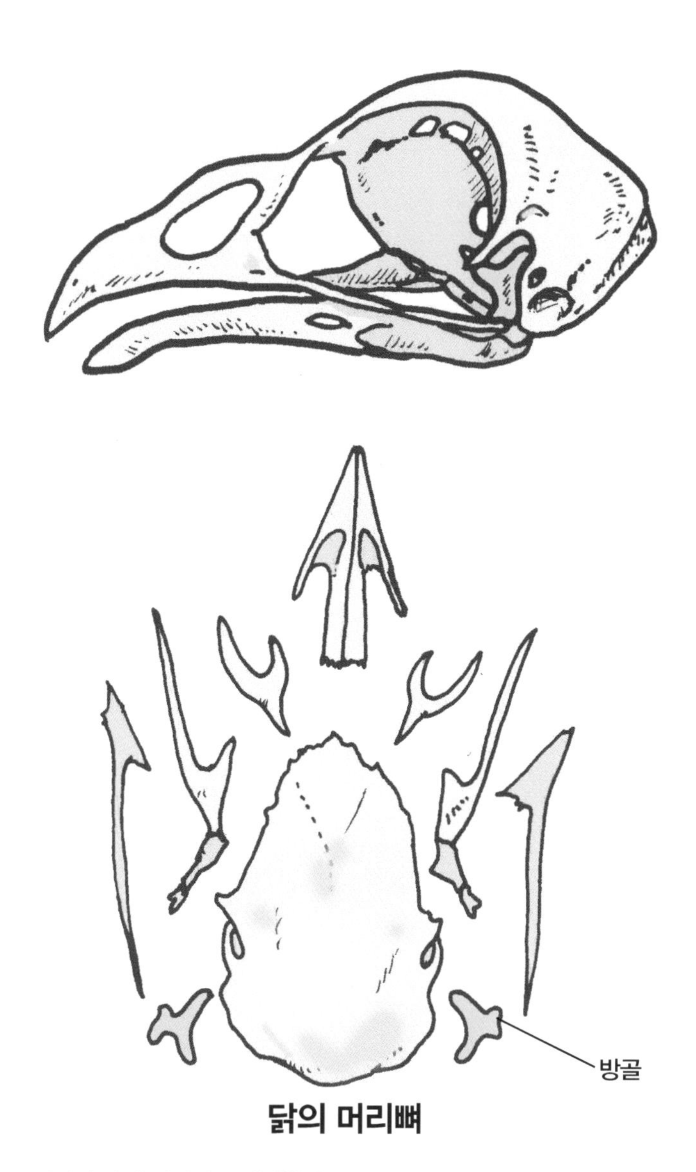

닭의 머리뼈

이처럼 닭의 머리뼈는 해체할 수 있다. 방골은 턱관절뼈에 해당한다.

반면 조류는 치아뼈에 상각골, 각골, 관절골이 조합된 총 네 개의 뼈로 구성된다.

우리는 포유류이므로 매사를 포유류 중심으로 보기 십상이다. 그래서 아래턱이 여러 개의 뼈로 이루어져 있는 것은 어쩐지 이상하다고 느낀다. 하지만 포유류도 선대로 거슬러 올라가면 아래턱이 여러 개의 뼈로 구성되어 있던 시절이 있었다. 오히려 조류가 기본에 충실한 구조다. 포유류의 아래턱은 시대와 함께 치아뼈만 발달하고 다른 뼈는 퇴화 · 축소한 결과다. 아래턱이 변화하는 과정에서 사라진 뼈도 있는가 하면 용도가 달라진 뼈도 있다.

오리 같은 조류는 턱관절이 방골(위턱)과 관절골(아래턱)로 이루어져 있다. 이것이 척추동물의 본래 턱관절 구조다.

포유류는 아래턱의 치아뼈가 발달함에 따라 기존의 관절 구조를 바꿔야 했다. 그 결과 쓸모없어진 방골과 관절골은 축소해 귓구멍으로 들어갔고 그것은 고막의 진동을 신경에 전달하는 귓속뼈라는 뼈로 바뀌었다. 방골이 왜 역사의 중요 참고인인가 하면 화석이 발굴되었을 때 그것이 포유류의 화석인지 아닌지 판단하는 열쇠를 방골이 쥐고 있기 때문이다. 방골이 관절로 기능하면 파충류, 귓속뼈로 기능하면 포유류다, 현대의 파충류와 포유류만 놓고 보면 둘을 혼동할 일이 없으리라. 그러나 먼 옛날 포유류가 파충류에서 갈라져 나오기 시작했을 무렵에는 둘의 모습에 큰 차이가 없었다. 게다가 화석에 남은 증거는 뼈뿐이다. 그래서 이런 사소한 듯한 차이가 중요한 판별점으로 꼽힌다.

새는 깃털로 덮인 정온동물이다. 그런 점에서는 포유류에 가까워 보인다. 그렇지만 머리뼈는 파충류를 닮았다. 아니, 반대로 다른 육

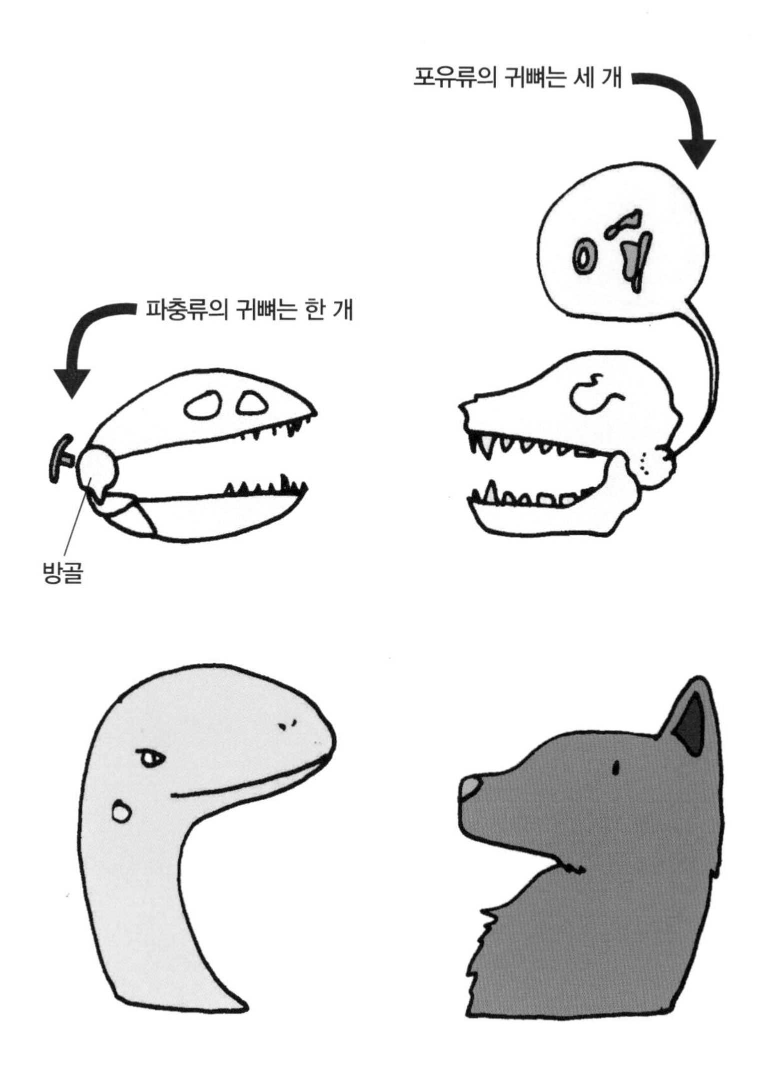

파충류와 포유류의 귀뼈는 어떻게 다를까?

상 척추동물 중에서 포유류만 특이한 머리뼈를 가졌다고 할 수 있다. 역시 포유류는 척추동물계의 이단아다.

귀뼈

포유류의 귓속에 있는 세 개의 뼈 중 두 개는 턱뼈가 변한 것이다. 이 사실을 알기까지 긴 논의와 시간이 필요했다. 19세기 초의 해부학자 조프루아 생틸레르는 물고기 뼈와 포유류 뼈를 비교한 끝에 포유류의 귓속뼈는 물고기의 아가미뼈와 상동 기관(형태나 기능은 다르나 유래는 같은 기관)이라는 결론을 내렸다. 한편 19세기 영국의 저명한 해부학자이자 '공룡'이라는 단어의 창시자인 리처드 오언은 귓속뼈란 포유류가 되어 새로 생긴 것으로 다른 척추동물의 뼈와는 관련이 없다고 믿었다. 마침내 귓속뼈의 유래를 입증한 것은 1837년, 칼 라이헤르트의 『Form and Function: A Contribution to the History of Animal Morphology동물의 형태학과 진화』 연구 발표였다.

그런데 턱뼈는 왜 귀뼈로 변했을까? 그 의문에 고생물학자이자 일반인을 위한 과학 에세이스트로도 유명한 S. J. 굴드가 『Eight Little Piggies여덟 마리 새끼 돼지』에서 답을 내놓았다.

굴드는 진화의 키워드가 엉성함, 중복, 다기능이라고 말하며 그 예로 귓속뼈의 진화를 들었다.

턱뼈는 왜 귀뼈가 되었을까? 턱뼈는 턱뼈임과 동시에 소리를 전달하거나 호흡을 돕기도 했던 다기능 뼈였기 때문이라고 굴드는 주

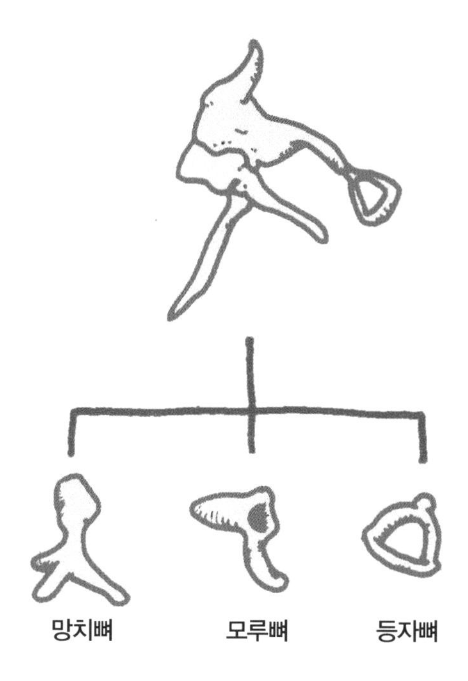

포유류의 귓속뼈는 총 세 개의 뼈로 이루어져 있다.
하나는 파충류에게 물려받은 등자뼈이고,
나머지 둘은 파충류 시절 턱관절이었던 망치뼈와 모루뼈다.

장했다. 포유류와 달리 파충류(그리고 공룡과 새도)의 귀에는 뼈가 하나뿐이다. 그것은 등자뼈로 불린다. 포유류가 가진 세 개의 귀뼈 중 하나가 바로 이 등자뼈다(턱뼈였던 방골과 관절골은 각각 귀의 모루뼈, 망치뼈로 변했다). 굴드의 책에 따르면 포유류의 조상인 파충류의 화석을 보면 방골이 등자뼈와 맞닿아 있어 일찍이 소리를 전달하는 데 기여했던 모양이다. 또 뱀에게는 고막도 외이도 없지만 머리를 땅에 붙여 아래턱에서 방골, 그리고 등자뼈로 진동을 전달한다고 한다.

다만 포유류가 왜 세 개의 귓속뼈를 가지게 되었는지는 굴드도 '도통 알 수 없다'라고 말한다. 왜냐하면 '일부 새의 귀는(뼈가 하나뿐이지만) 세 개의 귓속뼈를 가진 포유류와 견주어도 손색이 없기' 때문이다.

자료를 조사하는 사이 기필코 새의 귀뼈를 실물로 보고 싶어졌다. 당장 오리 머리뼈의 귓속에서 등자뼈를 꺼내는 일에 도전했다. 매우 작고 약한 뼈였다. 생김새는 버섯과 비슷했다. 버섯의 갓 부분이 귀속을 향한 모양새다. 길이는 2.8밀리미터. 그렇다면 닭은 어떨까. 마찬가지로 버섯 모양의 뼈가 나왔다. 길이도 똑같이 2.8밀리미터였다. 이왕 작업하는 김에 집에 있던 붉은머리청비둘기의 등자뼈도 꺼내 보았다. 그것은 2밀리미터로 조금 작았다.

누누이 말하지만 새는 공룡의 후손으로 알려져 있다. 그럼 공룡에게도 새와 같은 뼈가 있을 것이다. 몸길이가 12미터를 넘었던 것으로 추정되는 티라노사우루스의 귀뼈는 크기가 어느 정도 될까?

피터 L. 라슨의 「ティラノサウルス最新生態論티라노사우루스 최신 생태론」(『「驚異の大恐竜博」公式カタログ경이로운 거대 공룡 박

새의 귓속에는 파충류처럼 등자뼈 하나만 있다.
그 뼈는 버섯처럼 생겼다.

람회, 기원과 진화~공룡을 과학하다』)에 이 뼈의 단편적인 정보가 실려 있었다.

내이는 약 30센티미터 길이의 긴 등자뼈를 통해…….

티라노사우루스의 등자뼈가 무려 30센티미터나 되었다니! 수많은 공룡 뼈 중에서 그 뼈야말로 꼭 한번 보고 싶었다.

눈뼈

"새 가슴팍에 있는 U자 모양의 뼈는 뭔가요?" 지인의 소식에 그런 질문이 적혀 있었다. 도쿄의 한 갤러리에서 열린 골격 표본 전람회에 다녀왔다고 했다(나는 그 전람회에 뼈를 출품했다). 새 가슴팍의 U자 또는 V자 모양 뼈는 앞 장에서 소개했듯 빗장뼈다.

지인의 소식에는 질문이 또 하나 적혀 있었다. "새 골격 표본을 보니 눈 주위에 뼈가 있는 새와 없는 새가 있던데, 둘의 차이가 뭐죠?" 그 질문을 읽고 가슴이 뜨끔했다.

지금까지 새 머리뼈를 소개했다. 새 머리뼈에는 '눈확'이라는 큰 구멍이 있다. 눈확에는 당연히 눈이 들어가고 눈 주위에는 고리 모양의 뼈가 있다. 이 뼈는 공막고리뼈라고 한다. 그런데 나는 새 골격 표본을 만들 때 그것을 꺼낸 적이 없다. 머리뼈에서 눈알을 뺄 때 공막고리뼈도 함께 빼서 버렸다. 지인의 질문이 내 나태함을 지적하는 듯해서 양심에 찔렸다.

인간의 눈 주위에는 뼈가 없다. 인간뿐만 아니라 모든 포유류에게 이 뼈가 없다. 그래서 눈 주위에 뼈가 있다는 게 '이상'하게 느껴

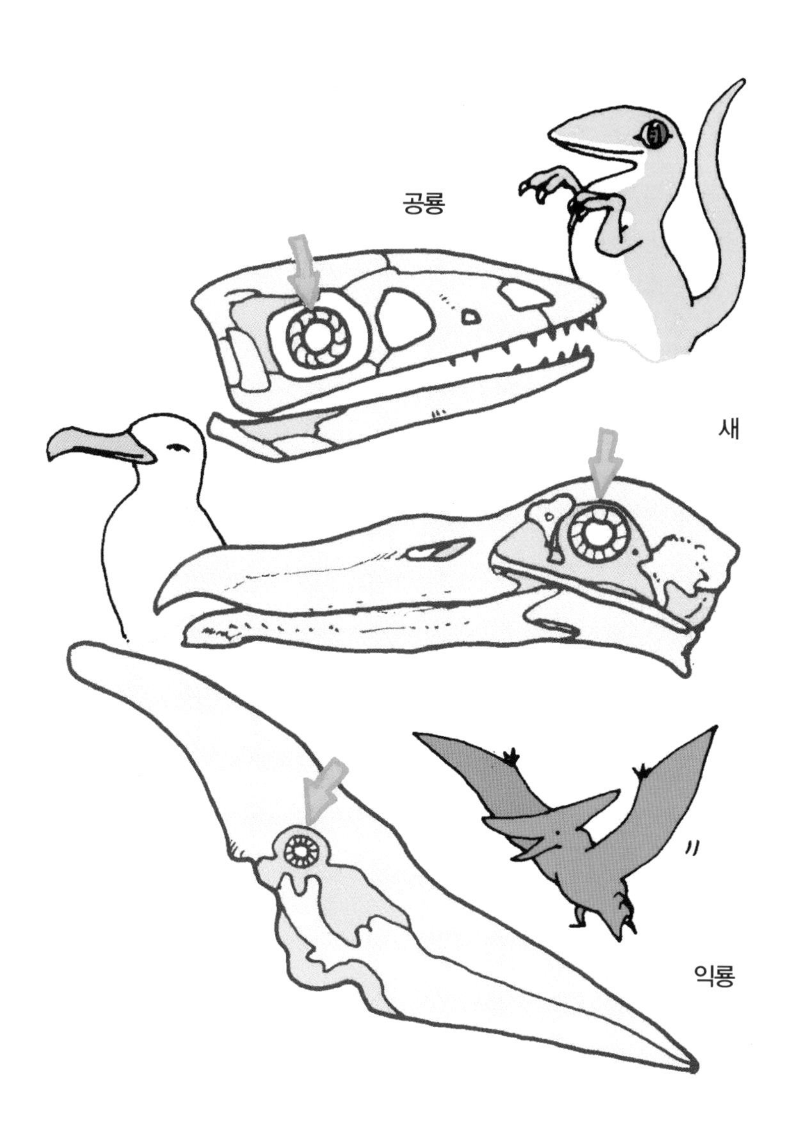

포유류를 제외한 다른 척추동물의 눈에는 공막고리뼈가 있다.

질지 모른다.

모타니 료스케의 저서, 『ジュラ期の海の支配者ー魚竜쥐라기 시대 바다의 지배자ー어룡』을 보면 다음과 같은 문장이 있다.

공막고리뼈는 포유류의 조상 대에 사라졌으므로 인간에게는 존재하지 않지만, 사실 척추동물은 안구에 뼈가 있는 것이 일반적이고 오히려 없는 것이 예외라고 할 수 있다.

즉 공막고리뼈에 관해서도 포유류는 이단아인 셈이다. 친구 스기모토가 바닷가에서 웬 '눈뼈'를 주워 온 적이 있다. 지름 75밀리미터, 두께 50밀리미터의 꽤 단단한 뼈였다. 그 고리 모양의 뼈는 거의 한가운데서 둘로 나뉘는 구조였는데 아무래도 돛새치류의 눈뼈 같았다. 그것이 발견된 곳 근처에 돛새치가 많이 잡히는 항구가 있기 때문이다. 물론 물고기 눈 주위에 뼈가 있는 건 맞다. 다만 얄팍해서 흐늘흐늘할 거라는 선입견이 있었는데 그 눈뼈를 만져보고 단단해서 깜짝 놀랐다.

아쉽게도 닭이나 오리의 공막고리뼈는 아직 자세히 관찰할 기회가 없었다. 물고기처럼 새도 종류에 따라 공막고리뼈가 아주 얇은 것이 있는가 하면 꽤 단단한 것도 있으리라. 마침 내게 표본이 있는 것으로 예를 들자면 대백로의 공막고리뼈는 지름이 15밀리미터다. 몇 개의 뼈가 맞물려 고리 모양을 이루는데 뼈 하나하나가 비교적 단단히 골화되어 있다.

타조의 공막고리뼈는 역시 크다. 지름이 35밀리미터나 된다. 참고로 앞서 소개한 글에 따르면 세계에서 가장 큰 공막고리뼈를 가졌던 생물(즉, 눈이 가장 컸던 척추동물)은 어룡의 일종인 오프탈모사우루스 이케니쿠스라고 한다. 포유류를 제외한 척추동물에게는 공막고리

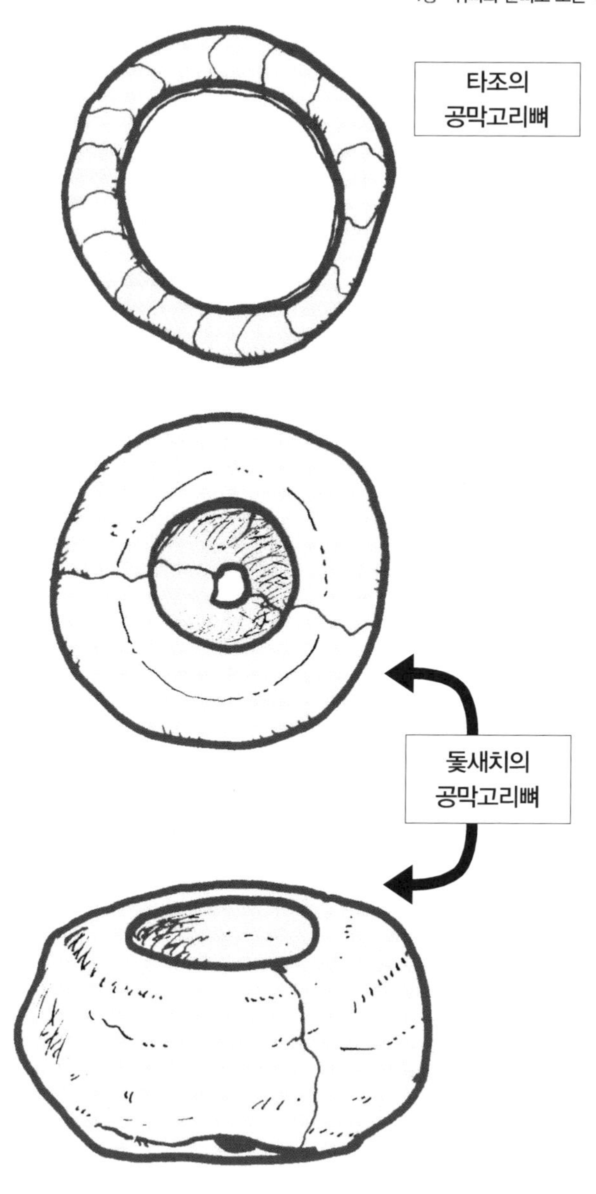

포유류를 제외한 척추동물의 눈 주위에는 공막고리뼈가 있다.

뼈가 있으므로 간혹 화석 상태에서도 눈의 크기를 측정할 수 있다.

포유류는 눈뼈가 없는 특수한 부류다. 그 밖에도 포유류의 뼈에만 나타나는 특징이 또 있다. 이번에는 머리뼈가 아니라 목뼈에서 볼 수 있는 특징이다. 기린이든 인간이든 목은 일곱 개의 뼈로 이루어져 있다는 사실은 이미 밝혀졌다. 물속 생활에 맞추다 보니 외관상 목이 있는지 없는지 잘 알 수 없게 된 고래도 목뼈는 일곱 개다. 이 '목뼈 일곱 개'라는 것은 포유류가 공통 조상에게 물려받은 형질이다. 그런데 『解剖男해부남』에 따르면 왜 일곱 개여야 하는지는 해부학자도 답할 수 없다고 한다. 새는 목뼈의 개수가 일곱 개로 고정되어 있지 않고 종류에 따라 다르기 때문이다. 곧장 집에 있는 표본을 확인해 보았다.

닭……14개

머스코비오리……14개

대백로……18개

큰부리까마귀……12개

그 밖에 자료로 확인한 개수는 다음과 같았다.

백조……23개(『動物系統分類学동물 계통 분류학』)

거위……18개(『解剖男해부남』)

오리……15개(『The variation of animals and plants under domestication 육성 동식물의 변이』, Charles Robert Darwin.)

역시 개수가 제각각이다. 포유류는 목뼈에 관해서도 일곱 개를 고수하는 이단아다.

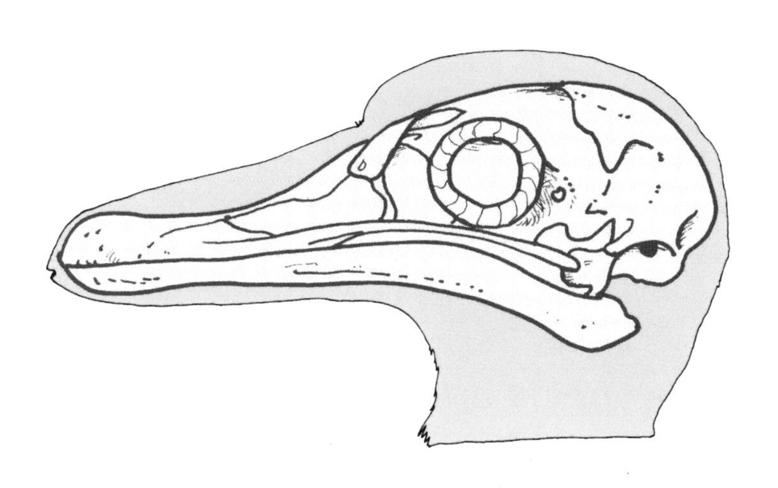

타조의 머리뼈

포유류의 머리뼈와 달리 타조의 머리뼈는 크기에 비해 훨씬 가볍다.
그리고 눈 주위에 공막고리뼈가 있다.

식탁 위의 공룡

오키나와시의 어느 초등학교 아이들과 얀바루에 가는 길이었다. 버스 안에서 '뼈 학교'를 열었다.

"공룡!" 너구리 머리뼈를 보여 주자 이런 대답이 나왔다. 그런데 타조 머리뼈를 보여 주었을 때 나온 대답은 "오리?"였다. 예상대로다.

조류는 분명 공룡을 조상으로 두었으며 척추동물의 정통적인 뼈 구조를 이어받은 생물이다. 반면 포유류는 약 3억 1천만 년 전 다른 척추동물에서 갈라져 나와 독자 노선을 걸었다. 하지만 뼈를 본 아이들은 조류를 정통으로 느끼지 않는다. 역사적으로 공룡의 몸 구조를 계승했으나 현재는 하늘을 나는 삶을 살고 있기 때문이다.

삶에 맞게 변화한 몸에서 공룡을 찾아보기란 어렵다. 그것은 몸 곳곳에 살짝 숨어 있으며 뼈에 새겨져 있어 결코 한눈에 간파할 수 없다. 뭐든 무언가와 비교해야 비로소 뚜렷이 보이는 법이다. 그래서 새 뼈에서 공룡을 보고 싶다면 그들과 이질적인 우리 인간의 몸을 들여다볼 필요가 있다. 새에게서 공룡을 본다는 것은 나아가 포유류란 무엇인지 깨닫는 작업이기도 하다.

이번에는 히로시마에 '뼈 학교'를 열러 갔다. 당시 배낭 안에는 티라노사우루스의 이빨이 들어 있었다. 길이는 28센티미터. 이걸 보면 공룡을 좋아하는 아이들이 무척 좋아하겠지……. 물론 기대는 빗나갔다.

"그거 진짜예요?" 그런 질문이 날아왔다. 물론 모조품, 즉 가짜였다. 아이들은 내 대답을 듣자마자 흥미를 잃었다.

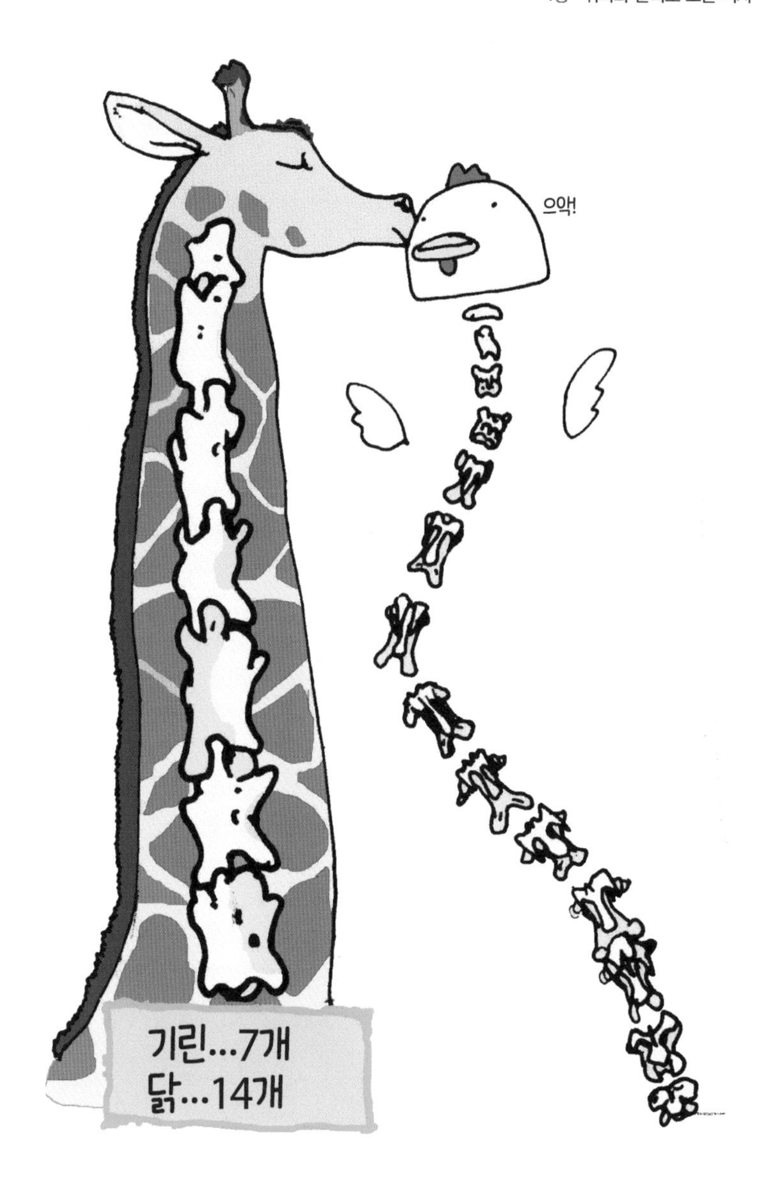

새는 종류에 따라 목뼈의 개수가 다르다.

식탁 위의 뼈를 생각한다. 식탁에 오른 닭 뼈는 진짜다. 비록 공룡과의 깊은 연관성을 곧바로 간파할 수는 없지만, 눈앞의 뼈에는 하나하나 진짜 역사와 삶이 가득 차 있다. 또한 식탁의 뼈는 입구다. 그 속에는 역시 포기할 수 없는 세계가 있다. 그러므로 뼛속에 아른거리는 세계를 찾아 계속 탐험해 보자.

5장

새의 분류를 생각하다

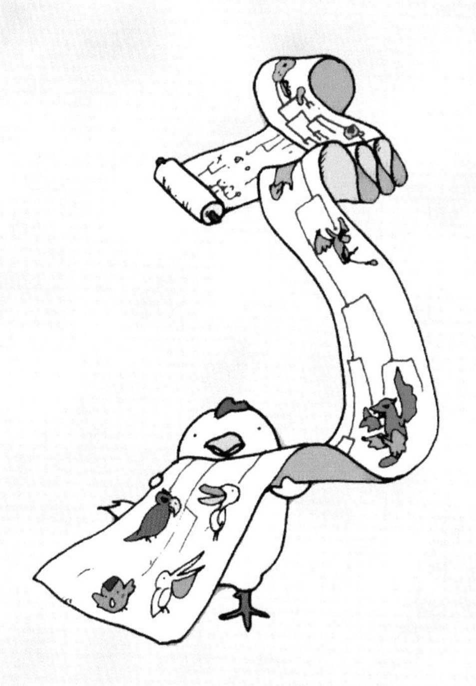

홍학의 뼈

"여보세요, 모리구치 선생님이신가요?" 어느 날 전화가 한 통 걸려 왔다. 받아 보니 도쿄의 TV 프로그램 제작사 사람이었다.

"실은 동물원에서 홍학이 죽었는데 그 사체를 얻게 되었어요. 그것을 골격 표본으로 만들까 하는데요……."

"홍학 뼈요? 오, 보고 싶어요!" 반사적으로 그렇게 대답했다. 홍학 뼈는 전부터 보고 싶었던 뼈 중 하나였다. 하지만 개인이 구경하기는 거의 불가능할 것 같아 반쯤 포기하고 있었다. 그런데 문제가 있었다. 나는 오키나와에 살고 있다. TV 프로그램 제작사가 있는 도쿄까지 바로 달려갈 수 없었다. 사체 처리는 부패와의 싸움이다. 일분일초가 아깝다.

"실은 이미 죽은 지 한 달이 지나 사체는 땅에 묻혀 있어요……."

"네?"

자초지종을 들어 보니 문제는 따로 있었다. 홍학 사체는 벌써 매장된 뒤였다. "으음, 부패가 얼마나 진행되었느냐에 따라 다른데 전신 골격을 짜 맞추기는 힘들지도 몰라요." 제작진의 문의에 나는 그렇게 설명했다. 앞서 말했듯 발골하려면 땅에 묻어서는 안 된다. 그래도 제작진은 굴하지 않고 홍학 묘지를 파헤칠 기세였다. 결국 내가 오키나와에서 휴대전화로 그때그때 작업에 대해 조언하기로 했다. 그런 원격 조종 같은 발골은 처음이었다.

"방금 팠어요. 머리와 목은 붙어 있고 다리도 아직 몸통에 붙어 있어요……."

"지금 삶기 시작했는데 얼마나 삶으면 되죠……?"

홍학의 무덤을 파헤치는 일을 돕게 되었다.

"살점을 바르고 있는데, 늑골에 붙은 막 같은 것은 지금 떼는 게 좋을까요? 아니면 나중에 떼는 게 좋을까요?"

준비할 도구부터 발골 순서, 구체적인 시간까지 문의하는 전화가 수시로 걸려 왔다가 끊겼다. 실물을 보지 않고 '앞으로 얼마나 더 삶으면 되는지' 등을 판단하고 조언하는 일은 무척 어려웠다.

원래 제작진들은 홍학의 전신 골격을 짜 맞출 계획이었으나 역시 그건 무리였다. 부패한 홍학은 삶으니 완벽히 해체되어 내 조언만 듣고 짜 맞추기란 불가능했다. 어쩔 수 없이 뼈가 해체된 채로 사용하게 되었다. 프로그램의 주제는 '홍학의 몸무게가 몸집에 비해 몹시 가벼운 이유'라고 했다. 굳이 전신 골격을 짜 맞추지 않아도 각각의 뼈를 소개하고 단면이 빈 모습을 보여 주면 될 거라는 결론이 났다.

그나저나 TV 프로그램을 제작하는 것도 보통 일이 아니다. 전혀 뼈를 발라 본 적이 없는 사람이 난데없이 땅속에 묻혀 있던 홍학의 사체에서 뼈를 발라야 한다니.

그로부터 얼마 후 TV 프로그램 제작사에서 소포가 왔다. 안에는 홍학 뼈가 들어 있었다. 프로그램 제작에 협력한 보답으로 내게 잠시 뼈를 빌려준 것이다(나중에 동물원에 반납했다). 해체된 뼈 일부에는 아직 썩은 살점이 붙어 있었다. 서둘러 작업하느라 완벽하게 처리하지 못한 탓이다. 그래서 베란다의 스티로폼 상자에 물을 받고 그 속에 틀니 세정제와 함께 뼈를 넣었다.

홍학은 매우 특수한 환경에서 사는 새다. 홍학은 모두 대여섯 종이 알려졌다. 열거하자면 아프리카에 주로 분포하는 큰홍학과 꼬마홍학, 남미에 주로 분포하는 안데스홍학 등이 있다. 홍학을 볼 수 있

홍학의 뼈

아프리카 또는 남미의 얕은 호수에 사는 홍학은 오직
그들만 속한 홍학목이라는 독자적인 그룹으로 분류된다.

는 곳은 얕은 호숫가다. 그런데 그 물의 성분이 독특하다. 알칼리성의 소금물이다. 그런 호수 속에는 특정한 생물만 살 수 있다. 그래서 아무나 살 수 없지만, 환경만 맞으면 경쟁 상대가 적은 환경에서 폭발적으로 증가할 수 있다. 홍학이 먹는 것은 그런 특수한 호수에 사는 작은 해조류나 갑각류 따위다. 그 작은 먹이를 퍼 올릴 수 있도록 홍학의 부리는 특이한 모양으로 발달했다.

홍학은 '골칫거리'?

홍학의 부리에는 기묘한 점이 크게 두 가지 있다. 하나는 옆에서 보면 낫처럼 휘어 있어 있다는 점. 또 하나는 일반 새와 반대로 윗부리보다 아랫부리가 크고 튼튼하다는 점이다.

홍학은 물속의 작은 먹이를 여과해서 먹는다. 다리가 긴 홍학이 긴 목을 뻗어 머리를 수면에 가져가면 부리가 거꾸로 수면에 꽂힌다. 이처럼 윗부리가 아래로 내려온 상태에서 일반 새와 반대로 윗부리를 움직여 먹이를 잡는다. 먹이는 물속의 미세한 생물이다. 먹이가 포함된 물을 부리 안에 머금었다가 물만 밖으로 배출한다. 이때 중요한 역할을 하는 것이 아랫부리 안의 커다란 혀다. 혀를 펌프처럼 움직여 윗부리 껍데기에 달린 수염 모양 돌기로 먹이만 거르고 물은 배출한다. 입안에 수염이 나 있는 고래와 비슷한 사냥법이다. 실제로 홍학의 부리는 혹등고래의 옆얼굴과 무척 닮았다.

"정말 고래와 비슷하게 생겼네요." 새를 좋아하는 스기모토에게 홍학 머리뼈를 보여 줬더니 아주 흥미로워했다. 비록 내가 빌린 홍

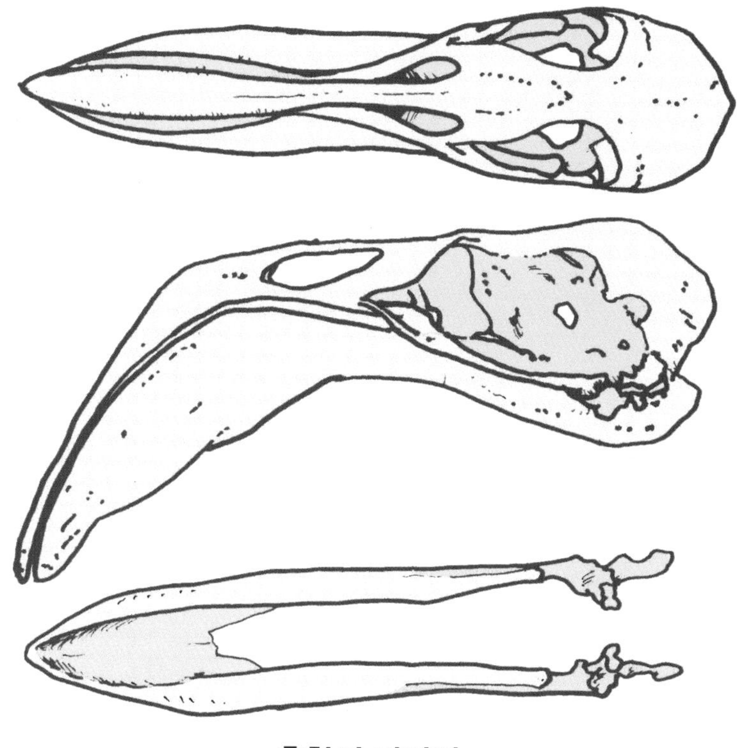

홍학의 머리뼈

윗부리보다 아랫부리가 발달했다. 또 옆에서 보면 부리가
낫처럼 휘어 있다. 그 부리로 물속의 미세한 먹이를 여과해서 먹는다.

학은 이미 부리 껍데기가 떨어져 수염 모양 돌기를 볼 수 없었지만 말이다.

홍학 머리뼈를 옆에서 보면 고래 옆얼굴과 닮았지만 아랫부리만 놓고 보면 우동 숟가락과 닮았다. 윗부리와 합치면 흡사 뚜껑 달린 우동 숟가락이다. 이런 부리를 가진 새는 별로 없다. 그런데 부리를 위에서 본 모습이 왠지 익숙했다. 청둥오리나 집오리의 머리뼈와 비슷했다. 이런 기묘한 부리를 가진 홍학은 어느 종에 속할까. 예를 들면 인간은 아래와 같이 분류할 수 있다.

척추동물문

포유강

영장(원숭이)목

사람과

사람속

사람

홍학은 어떨까?

척추동물문

조강

홍학목

여기서 일단 놀랐다. 현재 널리 사용하는 제임스 L. 피터스의 조류 목록에 따르면 홍학은 홍학목이라는 독자적인 그룹으로 분류되어 있다(즉 해당 목에 홍학 말고 다른 종은 없다). 그런데 책에는 홍학의 분류가 '여전히 논란거리'라는 말도 덧붙여져 있다. 왜일까?

1867년, 당시 영국의 유명 동물학자였던 토머스 헉슬리는 홍학이 오리, 황새, 왜가리의 중간 특성을 가졌기에 다른 분류에 포함할 게

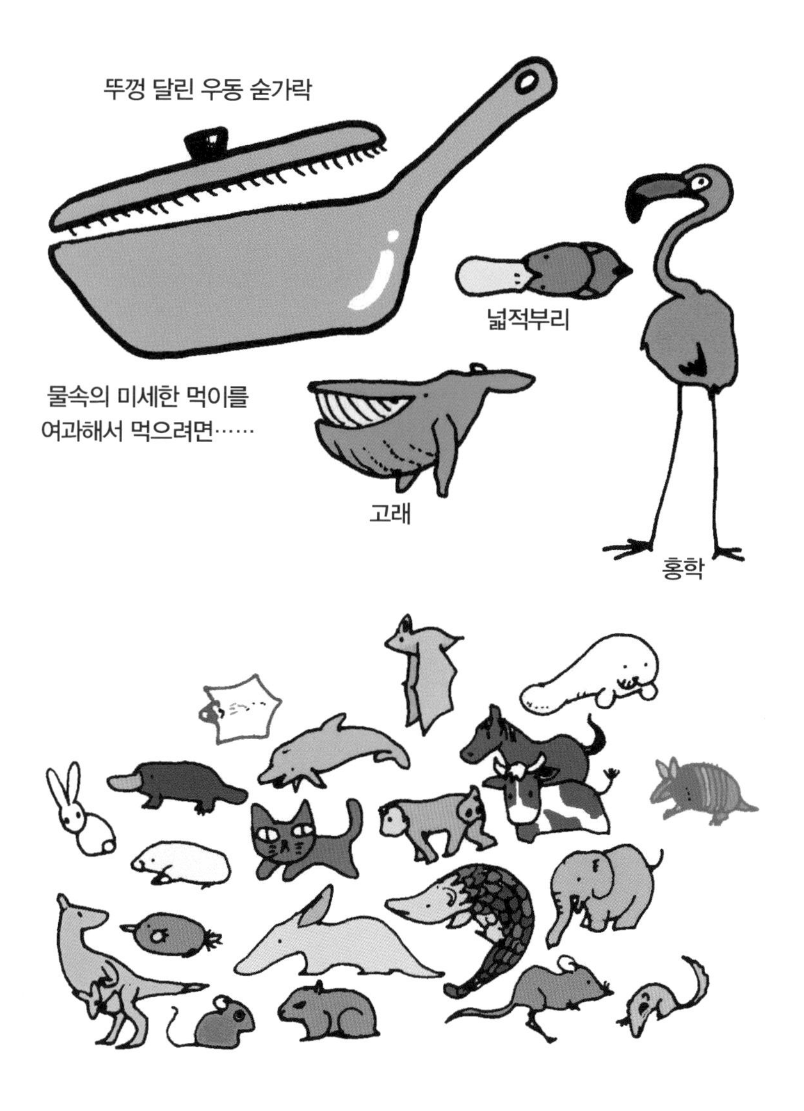

포유류는 다양하다.

모두 공통 조상에서 갈라져 나와 각자의 삶에 맞게 진화했다.
인간은 포유류 중에서도 영장(원숭이)목에 속한다.

아니라 독립시키는 편이 낫다고 주장했다. 1950년에는 자크 베를리오즈가 홍학을 기러기목 안에 포함하자고 제안했다. 1951년에는 에른스트 마이어와 딘 아마돈이 홍학목을 독립시켰다. 사실 홍학에는 이런 복잡한 연구사가 숨어 있다.

머리뼈를 위에서 내려다 보면 오리와 비슷해 보인다. 나아가 울음소리도 비슷할뿐더러 깃털에 붙어사는 기생충도 같다. 게다가 새끼 홍학은 오리류의 새끼와 꼭 닮았다. 하지만 홍학은 오리보다 황새나 왜가리에 더 가깝다는 의견이 있다. 그 밖에 홍학은 독자적인 종이라는 의견도 있다. 홍학은 기묘한 부리를 가진 데다가 새의 분류란 무엇인지 고민에 빠뜨리는 존재다.

페두차의 『The Origin and Evolution of Birds새의 기원과 진화』 속에도 홍학의 분류가 비중 있게 다루어진다. 페두차는 홍학을 '분류학의 골칫거리'라고 평가하며 홍학은 오리와 다른 분류의 새라고 주장했다. 오리는 홍학처럼 부리가 넓적하고, 특히 오리 중에서도 넓적부리 등은 물속의 작은 먹이를 여과해서 먹는다. 그러나 오리의 혀는 홍학과 반대로 윗부리에 들어 있다. 홍학의 여과 장치와 오리의 여과 장치가 각기 따로 진화했기 때문인 것 같다고 페두차는 추측한다.

페두차는 새 화석을 상세히 연구해 홍학과 오리는 왜가리로부터 각기 따로 진화했다는 새로운 가설을 제시했다. 둘은 조상이 같아서 공통되는 점도 있지만 어느 단계부터는 완전히 따로 진화한 다른 종이라는 것이다. 또 페두차에 따르면 홍학과 황새가 닮은 것도 그저 우연이다. 둘 다 물가에 살다 보니 겉모습이 비슷해졌을 뿐이다.

1	타조목	10	매목	18	올빼미목
2	도요 타조목	11	기러기목	19	쏙독새목
3	슴새목	12	닭목	20	칼새목
4	펭귄목	13	두루미목	21	쥐새목
5	아비목	14	도요목	22	비단날개 새목
6	논병 아리목	15	비둘기목	23	파랑새목
7	사다 새목	16	앵무목	24	딱따 구리목
8	황새목	17	두견목	25	참새목
9	홍학목				

아직 끝난 게 아니다. 새를 분류하는 것은 굉장히 까다롭다. 게다가 현재 큰 변혁기에 접어들었다. 분류상의 문제를 다른 새를 통해서도 살펴보자.

새의 분류

새의 분류를 따지다 보니 과거 사이타마의 학교에서 근무할 때 있었던 일이 떠올랐다. 어느 날 국어 교사 니와 씨가 나를 찾아왔다.

"옛날에는 쏙독새와 물총새가 같은 분류에 속했지만 지금은 아니라면서요. 진짜예요?"

수업 시간에 미야자와 겐지의 『よだかの星쏙독새의 별』을 가르치는데 한 학생이 그렇게 말하더란다. 일본에서 『よだかの星쏙독새의 별』은 국어 교과서에도 실리는 유명한 동화다. 쏙독새가 주인공이고 그 가족으로 물총새와 벌새가 등장한다.

"저는 작가의 설정인 줄 알았는데, 그 학생이 '아니에요, 옛날에는 정말 그랬어요' 하더라고요."

쏙독새는 초여름에 동남아시아에서 건너오는 철새다. 낮에는 쉬다가 밤이 되면 쏙독쏙독 울며 날아올라 큰 입으로 벌레를 잡아먹는다. 동화 속에서는 장수풍뎅이 등을 먹는 것으로 묘사된다. 그런데 언젠가 사고로 죽은 쏙독새를 실제로 해부해 봤더니 위장에서 몸길이 12밀리미터의 줄무늬혹수염하늘소*Rhodopina lewisii*를 비롯해 노린재, 거품벌레, 방아벌레, 물방개 등이 나왔다. 그런데 쏙독새는 어떤 분류에 속할까. 겐지는 작품에 쏙독새와 물총새를 형제로 등

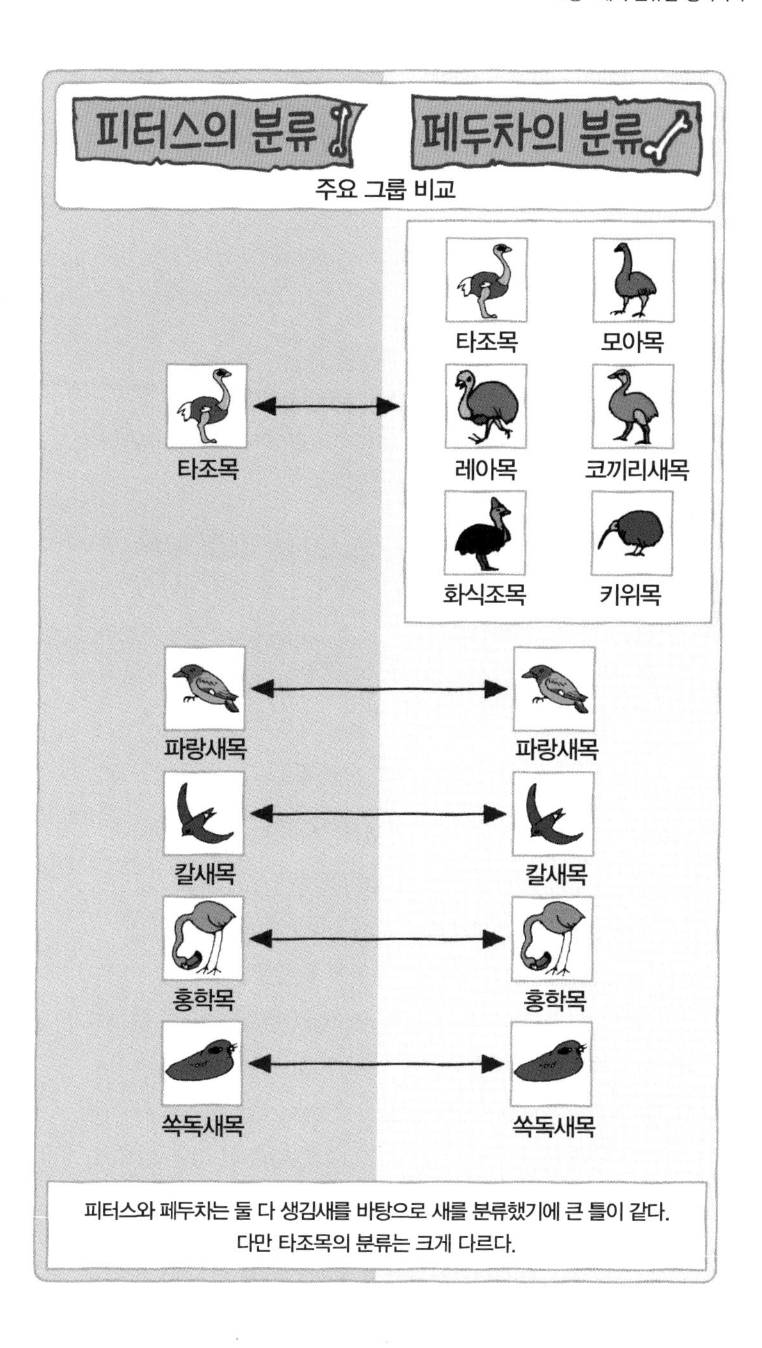

피터스의 분류
페두차의 분류
주요 그룹 비교
타조목
모아목
타조목
레아목
코끼리새목
화식조목
키위목
파랑새목
파랑새목
칼새목
칼새목
홍학목
홍학목
쏙독새목
쏙독새목
피터스와 페두차는 둘 다 생김새를 바탕으로 새를 분류했기에 큰 틀이 같다.
다만 타조목의 분류는 크게 다르다.

장시켰다.

"하지만 쏙독새와 물총새는 전혀 다르잖아요, 깃털 색도 그렇고."

니와 씨는 고개를 갸우뚱하며 말했다.

"그야 그렇죠. 하지만 깃털 색은 표면상의 차이예요. 그런 건 변하기 쉬워서 분류의 기준이 될 수 없어요. 분류할 때는 뼈처럼 잘 변하지 않는 부분을 보죠."

"아니, 그럼, 예를 들어 까마귀 뼈와 참새 뼈가 그렇게 다르다고요?"

침묵. 이때만 해도 나는 실제로 새를 분류할 때 어떤 뼈를 참고하는지 몰랐다.

"그리고 쏙독새ヨタカ는 이름에 매タカ가 들어가는데(쏙독새의 일본어 이름은 '밤매'라는 뜻이지만 매와는 직접적인 관련이 없다—옮긴이) 둘이 무슨 관계예요?"

이어진 질문에도 나는 대답하지 못했다. 새 분류에 대해서도 전혀 몰랐기 때문이다. 홍학이 지금은 홍학목으로 독립했다는 것은 앞서 말했다. 그렇다면 겐지의 작품 속에 쏙독새의 형제로 등장하는 물총새는 현재 쏙독새와 어떤 관계일까. 그것을 알고 싶으면 우선 조류 전체가 어떻게 분류되는지 파악해야 했다.

현대의 분류 체계에서 빼놓을 수 없는 것이 학명(이명법)이다. 그 창시자인 린네는 1766년 새를 여섯 목으로 분류했다. 모두 나열하자면 매목·수리목, 딱따구리목, 기러기목, 섭금류(물새류), 순계류(닭목), 연작류(참새목)다. 그 후 수많은 연구자의 노력으로 조류의 분류 체계는 서서히 형태를 갖추어 갔다. 그에 따라 린네의 여섯 가지 분류도 더 세분화되었다. 다만 조류를 몇 가지로 분류하는지는 현재도 연구자에 따라 다르다. 내가 가지고 있는 책을 살펴보니

『쏙독새의 별』에는 물총새와 쏙독새가 형제로 나온다.

25목으로 나누는 것이 세 권, 26목, 29목, 32목으로 나누는 것이 각각 한 권씩이었다. 그러나 어느 체계든 쏙독새는 쏙독새목으로, 물총새는 별도의 파랑새목으로 분류하고 있었다.

겐지는 1896년에 태어나 1933년 37세를 일기로 세상을 떠났다. 그가 작품 활동을 하던 시기는 조류 분류가 현재의 형태를 갖추기 전이다. 현재도 조류의 가짓수에 대해 이토록 견해가 다양한데 그 시절에는 오죽했을까. 『動物系統分類学동물 계통 분류학』의 기록을 보면 19세기에는 올빼미, 쏙독새, 벌새가 모두 파랑새목에 속한다는 견해도 있었던 모양이다. 그 관점에서 보면 쏙독새와 물총새와 벌새는 형제가 맞다.

이처럼 분류하기 어려운 것은 비단 홍학뿐만이 아니다. 새를 분류하기 어려운 이유는 새가 날기 때문이다. 그래서 몸 구조가 다 비슷비슷하다. 게다가 속이 빈 뼈는 물러서 화석으로 잘 남지도 않는다. 그러다 보니 현대의 새뿐만 아니라 화석으로 남은 새도 연구하여 분류하기가 만만치 않다.

그런데 최근 새 분류에 새로운 방법이 도입되었다. DNA 비교 연구다. 그 방법에 따라 전 세계에 분포한 새 1700종의 DNA를 분석해 「Phylogeny and Classification of Birds조류의 계통과 분류」라는 제목으로 논문을 발표한 사람이 찰스 시블리다. 그의 분류에 따르면 새는 23목으로 나뉜다.

그에 따르면 쏙독새와 물총새는 다른 종에 속하는데, 물총새는 그대로 파랑새목이지만 쏙독새목으로 분류되었던 쏙독새는 올빼미목에 편입되었다. 크게 달라진 것이 황새목이다. 기존에는 서로 전혀 다른 분류였던 매(매목), 도요(도요목), 사다새(사다새목), 신천

다양한 소형 곤충이 통째로 삼켜져 있었다.

옹(솜새목) 등이 모두 황새목에 포함되었다.

시블리의 연구 성과는 기존의 분류와 매우 달라서 거부감을 보이는 연구자도 많은 듯하다. 그러나 그 후 DNA 연구에서도 시블리의 성과는 대체로 지지를 얻었다. 와다 마사루가 발표한 「フィールドガイドの鳥の並び方を考える도감에 실린 새 순서에 대한 고찰」에 시블리 이후의 연구가 대략 소개되어 있다. 그에 따르면 새를 DNA로 분류하면 우선 타조목과 그 밖의 새로 나뉜다. 타조는 옛 형질을 간직한 새다. 다음으로 오리가 속한 기러기목과 꿩이 속한 닭목이 다른 새와 구별된다. 학자들이 추측했던 것 이상으로 오리와 닭은 역사가 오래된 새인 듯하다. 그 밖의 새들은 DNA에 별 차이가 없어서 어떻게 분류하면 좋을지를 두고 의견이 분분하다. 짧은 시간에 많은 종이 진화했기 때문인 것 같다.

"홍학은 매, 사다새와 형제인가……?" DNA에서 도출한 결과 중에는 이처럼 퍽 놀라운 것도 있다. 만약 겐지가 현대 작가였다면 『よだかの星쏙독새의 별』에 등장하는 새가 어떻게 달라졌을지 궁금하다.

펭귄은 새인가?

옛날에 쓰인 새 분류표를 보면 살짝 당황스럽다. 명칭이 모두 한자어이기 때문이다. 인조人鳥란 과연 무슨 새일까? 다름 아닌 펭귄이다.

펭귄은 조류다. 피터스의 분류에는 펭귄이 펭귄목으로 독립되어

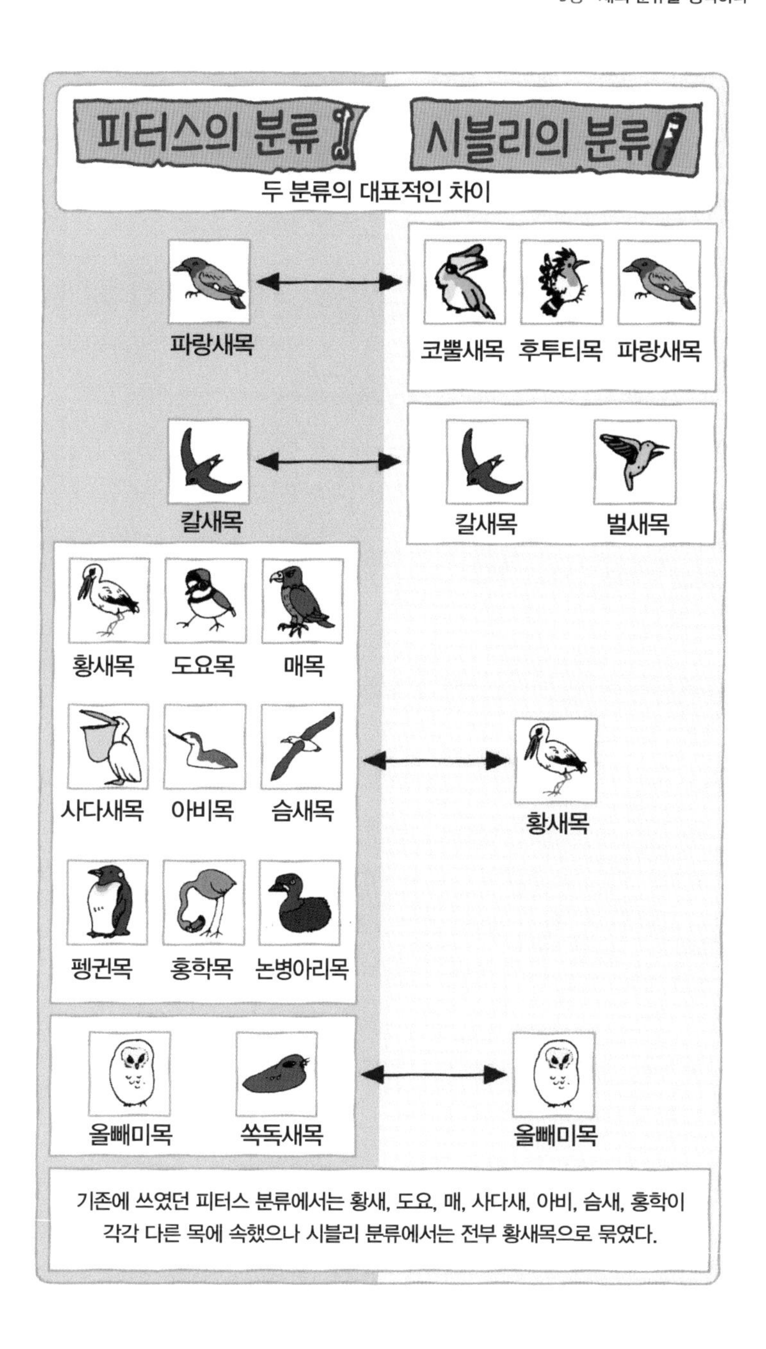
피터스의 분류
시블리의 분류
두 분류의 대표적인 차이
파랑새목
코뿔새목
후투티목
파랑새목
칼새목
칼새목
벌새목
황새목
도요목
매목
사다새목
아비목
슴새목
황새목
펭귄목
홍학목
논병아리목
올빼미목
쏙독새목
올빼미목
기존에 쓰였던 피터스 분류에서는 황새, 도요, 매, 사다새, 아비, 슴새, 홍학이 각각 다른 목에 속했으나 시블리 분류에서는 전부 황새목으로 묶였다.

있으나 시블리 분류에는 홍학과 함께 황새목에 속해 있다. 그런데 이 말을 아무 거부감 없이 받아들인 사람이 있는가 하면 의문을 느낀 사람도 있을 것이다.

"저, 선생님, 펭귄이 조류인가요?"

대학교 쉬는 시간에 한 여학생이 질문했다. 그렇다, '펭귄은 새'라는 말이 누군가에게는 이상하게 들린다. 그 학생에게 "그럼 펭귄이 무슨 동물일 것 같은데?"라고 되물었다.

"조류? 아니면 파충류?" 그 학생은 고개를 갸웃하며 대답했다. 그런 그녀에게 내 경험담을 들려주었다. 과거 친구와의 사이에 있었던 일이다.

"펭귄이 무슨 새야?" 꽤 오래전, 친구인 오시마 씨가 내게 물었다. 나는 그때 처음으로 이 질문을 받았다. 펭귄이 새인 것은 당연하다고 생각했던 나는 그런 질문을 받을 줄은 꿈에도 몰랐다. 그래서 무심코 얼빠진 표정을 지었다. 내 표정을 보고 오시마 씨가 황급히 덧붙였다. "역시 새 아니지?" 그 말에 더 놀랐다. '펭귄은 그냥 펭귄' 이것이 오시마 씨의 견해였다.

그 견해를 뒤집기 위해 나는 펭귄이 새라는 증거를 나열했다. "일단 부리가 있잖아. 또 펭귄의 지느러미팔flipper은 하늘을 나는 새의 날개와 같은 거야. 게다가 알도 낳는다고."

하지만 오시마 씨의 낌새를 보니 아무래도 충분히 이해한 것 같지 않았다. 궁리 끝에 펭귄의 몸을 뒤덮고 있는 깃털을 보여 주기로 결심했다. 동물원에서 사육사로 일하는 지인에게 부탁하여 펭귄 몸에서 빠진 깃털을 얻었다. 그것을 오시마 씨에게 보여 주었다.

그는 '이걸 봤으니 납득할 수밖에 없겠네'라는 표정으로 고마워

인조

옛날에는 펭귄을 인조라고 했다.

했다. 하지만 아직 충분히 이해하지 못한 듯했다. 그만큼 펭귄이 새로는 보이지 않았던 거다. 학생에게 그때 일을 간추려 이야기했다.

"오, 펭귄에게도 깃털이 있군요."

"물론이지. 하지만 펭귄의 깃털은 작고 몸에 딱 붙어 있어. 그래서 멀리서 보면 깃털이 난 것처럼 보이지 않고 어쩐지 맨살처럼 반들반들하지."

이제 순순히 펭귄이 새라는 걸 납득했겠지…….

"그럼 펭귄은 왜 못 날아요?"

예상을 깨고 여학생은 또 물었다. 말문이 턱 막혔다. 펭귄이 새라면 어떻게 날지 못하게 진화했느냐는 뜻이었다. '펭귄은 그냥 펭귄'이라는 견해를 바꾸려면 펭귄의 역사를 가르칠 필요가 있었다.

펭귄의 '역사'

책에 보면 펭귄의 기원은 공룡시대인 백악기로 거슬러 올라간다고 적혀 있다. 그러나 지금까지 발견된 것 중에서 가장 오래된 펭귄 화석은 공룡이 멸종한 다음인 신생대 제3기, 약 5천~6천만 년 전의 원시proto 펭귄 화석이다.

아비코시의 새 박물관이 발행한 『ペンギンのルーツを探る펭귄의 기원을 찾아서』라는 소책자가 펭귄의 역사를 아는 데 간단한 지침서가 될 것이다. 그 내용을 바탕으로 펭귄의 역사를 설명하겠다.

펭귄의 조상은 날 수 있었다. 현재도 바다쇠오리과 생물 중에는 하늘을 나는 것은 물론이고 물속에서도 날개로 헤엄치는 종이 있

펭귄의 몸을 자세히 보면 다른 새처럼 깃털로 덮여 있다.

다. 펭귄도 이런 '이중생활' 단계를 거쳐 지금처럼 전혀 날지 못하는 몸으로 진화한 듯하다. 펭귄이 되어 가는 단계의 새 화석이 실제로 발견된 것은 아니다. 하지만 '이중생활'을 하던 펭귄의 몸은 소형이었던 것으로 추측된다. 현재 펭귄은 16종이 알려져 있다. 그중 가장 작은 쇠푸른펭귄의 몸무게는 1킬로그램이다. 그런데도 하늘을 날고 물속을 헤엄치는 삶을 살기에는 너무 무겁다. 하물며 몸무게가 30~38킬로그램이나 나가는 황제펭귄은 어떻겠는가. 그 몸으로는 절대 하늘을 날 수 없다. 펭귄은 나는 것을 포기한 결과 거대해진 생물이다. 현재의 펭귄들이 옛날처럼 다시 하늘을 날려면 꽤 혹독한 다이어트를 해야 한다.

펭귄이 되어 가는 새의 화석이 발견되지 않은 것을 보면 펭귄의 진화는 급속도로 일어난 듯하다. 그것은 공룡의 멸종과도 무관하지 않아 보인다.

6500만 년 전 공룡을 비롯한 중생대 생물이 대거 멸종했다. 그때 해양을 지배했던 바다의 거대 파충류도 멸종했다. 이 시대 이후 많은 종류의 펭귄이 화석 기록으로 발견되었다. 파충류가 차지하던 생태적인 공간을 펭귄이 이어받았다는 증거다. 당시 펭귄 중에는 현대 펭귄보다 훨씬 큰 종이 있었다는 것도 밝혀졌다. 황제펭귄의 키는 1미터 정도인데, 뉴질랜드에서는 키가 1.5미터 정도인 펭귄 화석이 발견되었다. 그 개체의 몸무게는 80킬로그램에 육박했던 것으로 추정된다. 그 후 펭귄의 번영을 위협하는 사건이 일어났다. 펭귄보다 늦게 포유류가 해양에 진출하기 시작한 것이다. 그중에서도 바다표범과 소형 이빨고래는 펭귄과 경쟁을 벌였다. 그래서 1500만 년 이후 대형 펭귄은 모습을 감추었고 중소형 펭귄도 종 수가 줄어

하늘에서도 물속에서도 '날아다니는' 바다쇠오리류.
펭귄의 조상도 이들처럼 양쪽을 오갔던 듯하다.

든 듯하다.

이런 펭귄의 '역사'를 뼈를 통해 확인할 수는 없을까? 박물관의 아는 사람을 통해 이 소원을 이루었다. 박물관 수장고 안에서 펭귄 뼈를 만져 볼 기회를 얻은 것이다.

오시마 씨에게 펭귄이 조류임을 이해시키느라 고생한 것이 무색할 정도로 뼈를 보니 펭귄이 새의 일종임을 한눈에 알 수 있었다. 그야말로 맥이 빠질 만큼 펭귄 뼈는 일반 새와 공통점이 많았다. 특히 머리뼈는 다른 새와 전혀 다르지 않았다. 용골돌기도 하늘을 나는 새와 똑같았다. 펭귄은 하늘을 날아다니지는 않지만, 물속을 날아다니기 때문에 용골돌기가 발달한 것이다.

물론 일반 새와 다른 점도 있었다. 펭귄의 한자어가 '인조人鳥'인 이유는 두 발로 서서 걷는 모습이 마치 인간 같기 때문이다. 이 삶에 맞춰 펭귄의 다리뼈는 특수하게 발달했다. 일반 새가 평소 발끝으로 서 있다는 것은 앞서 말했다. 그래서 발등에 해당하는 부척골이 무척 길다. 홍학은 무려 218밀리미터나 된다. 그런데 펭귄이 서 있는 자세는 새보다 인간에 더 가깝다. 그렇다 보니 펭귄의 부척골은 가늘고 긴 대신 굵고 짧았다. 보는 순간 혹시 부척골이 부러져서 한쪽 끝이 소실된 것이 아닐까 오해했을 정도다.

펭귄의 지느러미팔 속에 있는 뼈도 특이하다. 위팔뼈에서 자뼈, 노뼈, 엉덩뼈, 발가락뼈에 이르기까지 뼈의 기본적인 구조는 프라이드치킨의 날개에서 본 것과 같다(그로써 펭귄의 지느러미팔은 과거 하늘을 날기 위한 날개였음을 알 수 있다). 그러나 현대 펭귄의 팔뼈는 하나하나가 꽤 납작할뿐더러 기름지고 무겁다. 물속에서 무거운 몸을 이끌고 나아가려면 뼈의 강도를 높여야 했을 것이다. 그러

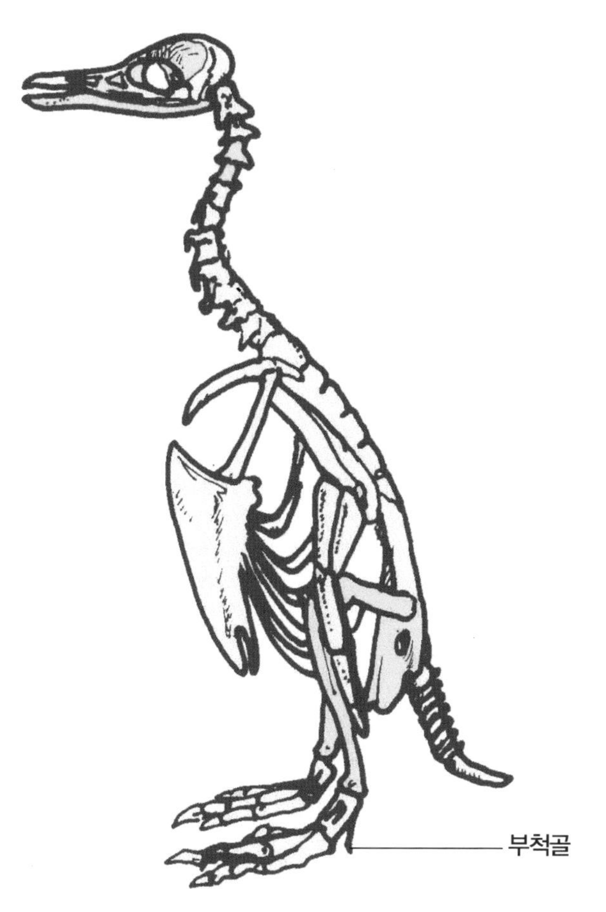

펭귄의 뼈

다른 새와 달리 부척골이 길지 않다.

고 보니 아는 사육사가 펭귄 팔에 맞으면 '몽둥이로 맞은 것처럼 아프다'고 했던 게 생각난다.

팔뼈에서 가장 독특한 부분은 손가락이 두 개뿐이라는 점이다. 엄지, 검지, 중지 중에서 엄지가 없다. 팔뼈를 강화하는 과정에서 퇴화한 모양이다. 닭이나 오리는 물론이고 타조마저 손가락이 세 개다. 그럼에도 펭귄에게 손가락이 두 개밖에 없는 것은 퍽 이례적이다. 잘못 본 줄 알고 처음에는 몇 번을 확인했을 정도다.

펭귄은 새다. 하지만 역시 이상한 새인 건 분명하다.

닭 뼈의 특수성

가장 오래된 새는 1억 5천만 년 전의 시조새다. 현재 새는 약 9천 종이 알려져 있다. 그중에는 홍학이나 펭귄처럼 특이한 새도 있다.

"이거 염소 뼈일까?" 스기모토가 바닷가에서 발견한 뼈를 건네면서 물었다.

유감이지만 염소 뼈는 아니었다(오키나와에서는 염소를 먹기 때문에 자주 바닷가에 염소 뼈가 떨어져 있다). 새 뼈, 그중에서도 다리의 부척골이었다. 스기모토가 염소라고 생각한 데는 이유가 있었다. 그 뼈는 길이가 145밀리미터에 굵기가 20밀리미터나 되었다. 새의 부척골이라는 것은 바로 알았으나 나도 어느 새의 부척골인지는 알 수 없었다. 다만 꽤 튼튼한 다리를 가진 새 같았다.

수수께끼의 부척골을 들고 살펴보니 닭의 부척골과 닮아 보였다. 그래서 닭 뼈를 꺼내 비교해 봤다. 전에 스기모토가 바닷가에서 주워

펭귄과 홍학의 부척골은 생김새가 아예 다르다.

온 전신 골격이었다. 확실히 생김새가 비슷했다. 그러나 닭의 부척골은 길이가 84밀리미터였다. 수수께끼의 부척골은 닭보다 훨씬 큰 새의 것임에 틀림없었다(머스코비오리의 부척골은 58밀리미터다).

그로부터 며칠이 지나 바닷가에서 새 사체가 발견되었다. 일본 싸움닭 샤모였다. 닭에도 여러 종류가 있다. 대형 샤모라면 부척골도 클 것 같았다. 샤모 사체에서 다리뼈를 발라 살펴보았다. 샤모의 부척골은 129밀리미터. 수수께끼의 부척골보다 짧았다.

"그럼 혹시 공작인가?" 스기모토와 추론을 펼쳤다. 마침 공작 뼈가 집에 있었다. 오키나와의 몇몇 섬(이시가키섬, 미야코섬, 요나구니섬 등)에는 야생 공작이 산다. 그들은 작은 토종 동물에게 영향을 줄 수 있어서 살처분된다. 내가 가진 뼈는 그 개체를 해체한 것으로 아는 수의사를 통해 얻은 것이다. 공작의 부척골을 살펴보았다. 길이가 140밀리미터. 수수께끼 새의 부척골과 거의 같았다. 크기뿐만 아니라 전체적인 생김새도 비슷했다.

"그런데 왜 공작의 다리만 떨어져 있었을까?"

"오키나와에도 공작이 있나?"

우리 모두 완전히 납득할 수 없었지만 수수께끼의 부척골이 공작의 것이라는 결론을 내렸다.

그로부터 반년 후. 스기모토가 또다시 거의 비슷한 부척골을 주워 왔다. 또 얼마 안 있어 다른 친구 하나도 무슨 뼈인지 궁금하다면서 수수께끼의 부척골을 가져왔다. 역시 이상했다. 공작은 아니었다. 오키나와에는 야생 공작이 살지 않는다. 그러니 이렇게 공작 뼈가 자주 떨어져 있을 리 없었다. 아무래도 샤모보다 큰 닭의 뼈가 맞는 것 같았다. 그런데 머지않아 부척골뿐만 아니라 대형 정강뼈

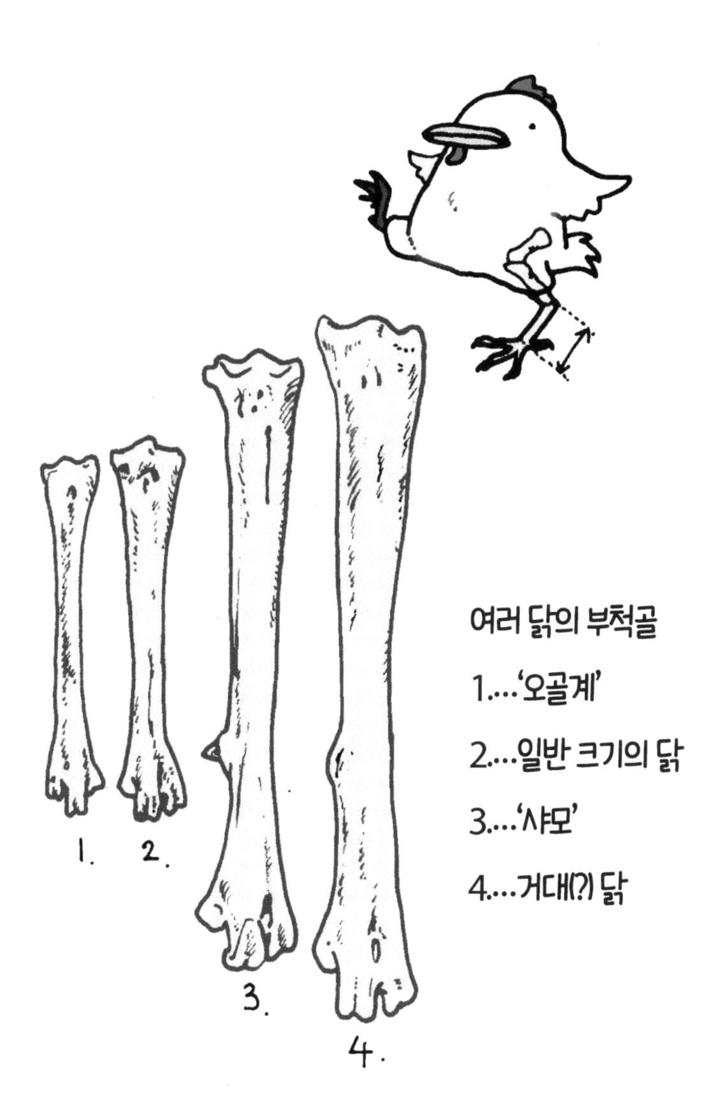
1.
2.
3.
4.
여러 닭의 부척골
1.…'오골계'
2.…일반 크기의 닭
3.…'샤모'
4.…거대(?) 닭

도 발견되었다.

살아 있을 때 보면 아무도 공작과 닭을 헷갈리지 않을 것이다. 뼈가 되어야 보이는 것도 많지만 뼈가 되어 버리면 알기 힘든 것도 있다. 어쨌거나 수수께끼의 부척골로 인해 닭도 생각보다 여러 종류가 있음을 깨달았다.

정강뼈를 예로 들겠다. 각각의 길이는 다음과 같다.

프라이드치킨의 정강뼈	102mm
오골계의 정강뼈	114mm
스기모토가 주워 온 닭의 정강뼈	118mm
샤모의 정강뼈	185mm
바닷가에서 발견된 새의 정강뼈	198mm

프라이드치킨의 정강뼈와 바닷가에서 발견한 정강뼈는 길이가 두 배가량 차이 난다. 한편 같은 종의 새라도 지역에 따라 몸집이 다를 수 있다. 예를 들어 오키나와 본섬에 분포하는 류큐큰부리까마귀는 일본 본토에 사는 큰부리까마귀의 아종인데 그보다 몸집이 작다. 그리고 이리오모테섬에 분포하는 오사큰부리까마귀는 아종인 류큐큰부리까마귀보다도 작다. 닭류의 종 변이는 이보다 심하다. 물론 이것은 인간이 품종을 개량한 결과다.

'뼈는 그 생물의 역사를 반영하는데, 닭 뼈에는 인간이 관여한 역사도 새겨져 있구나' 그런 생각에 잠겨 있던 어느 날 오스트레일리아에서 소포가 왔다. 유명 관광지 골드코스트에 사는 제자가 보낸 것이었다. 자연을 사랑하는 그녀가 바닷가에서 주운 조개껍데기였다. 그 속에 뼈가 하나 섞여 있었다. 틀림없이 내가 뼈를 좋아하는 것을 떠올리고 같이 보냈으리라. 크기로 보아 분명 프라이드치킨에

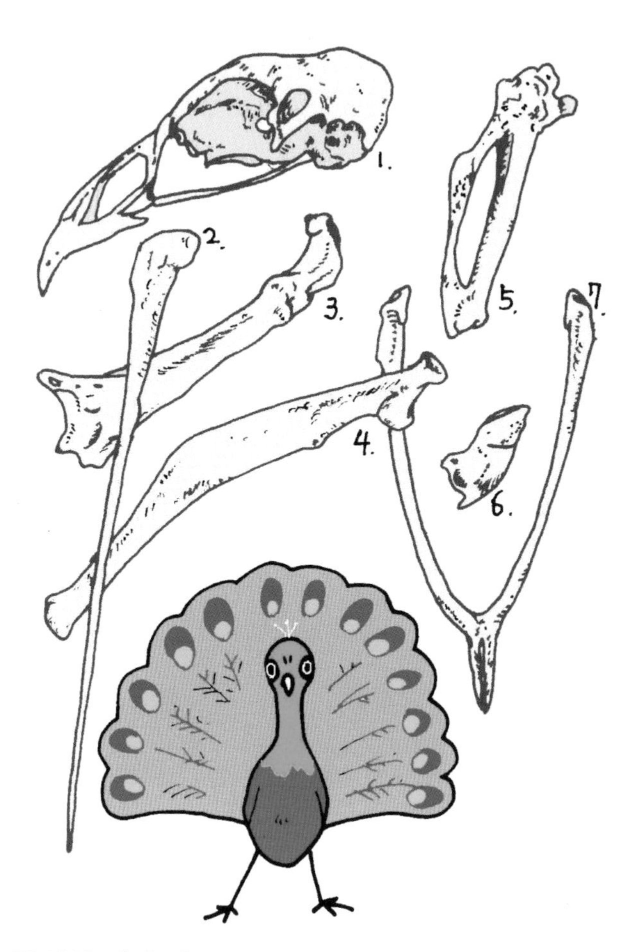

공작의 여러 뼈

1. 머리뼈 2. 종아리뼈 3. 오훼골 4. 어깨뼈
5. 손허리뼈 6 미단골 7. 빗장뼈

쓰인 닭의 위팔뼈였다. 그것을 보자 웃음이 났다. 오키나와에서 멀리 떨어진 오스트레일리아에도 오키나와와 같은 크기의 닭 뼈가 떨어져 있는 것이 우스웠다.

같은 오키나와현 안에서도 오키나와 본섬과 이리오모테섬 간에 까마귀 크기가 다른가 하면, 닭의 뼛속에는 종 안에서 일어난 큰 변이와 전 세계에 걸친 동질성이 동시에 내재되어 있다. 그러고 보면 까마귀뿐만 아니라 닭도 이상한 뼈를 가진 생물이다.

어째서 '날지 않게' 진화하는가?

스기모토가 놀러 왔다. 이날 선물은 뼈가 아니라 알이었다. 그것도 공작의 알이다. 이시가키섬에서 발견했다고 했다. 그 속을 들여다보고 놀랐다. 부화가 임박한 배아(태어나기 전의 새끼)가 들어 있었는데 날개깃이 제법 발달해 있었기 때문이다.

"알 속에 있는데도 이토록 날개깃이 발달하다니 놀라워요. 태어나자마자 날 기세네요." 스기모토가 말했다. 같은 닭목 새지만 병아리는 새끼 공작만큼 날개깃이 발달하지 않는다.

이날 스기모토는 새끼 꿩에 관한 재미있는 에피소드도 들려주었다. 이시가키섬에서 외래종 꿩 가족을 관찰할 때의 일이라고 했다. 새끼를 거느린 암꿩이 까마귀들에게 에워싸여 있었다. 까마귀는 단체로 꿩 가족을 압박하며 호시탐탐 새끼 꿩을 노렸다. 물론 부모는 새끼를 빼앗기지 않기 위해 저항했다. 그렇게 한창 공방전을 벌이던 도중, 새끼가 갑자기 훨훨 날아올랐다.

닭의 위팔뼈

1.…어른 닭
2.…샤모
3.…어린 샤모
4.…채집한 프라이드치킨

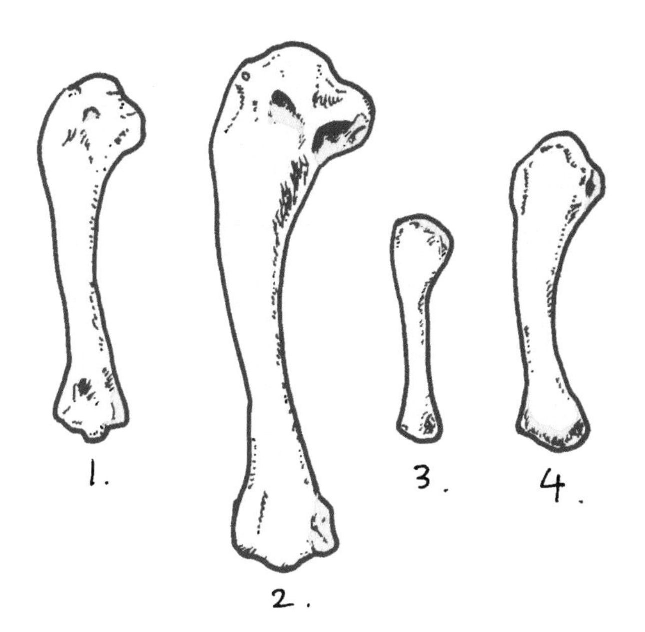

다 같은 닭인데도 종류에 따라 이렇게나 뼈의 크기가 다르다.

"새끼가 아직 작았거든요. 그런데 느닷없이 날아올랐어요. 아직 새끼인데 나는 걸 보고 깜짝 놀랐죠." 스기모토가 말했다. 날아오른 새끼는 무사히 덤불 속으로 도망쳤다고 한다. 그 말을 듣고 책에서 읽은 내용이 떠올랐다. 닭목에 속하는 새는 새끼일 적부터 비행 능력이 발달한다는 이야기였다. 그래서 비행 능력을 잃으려야 잃을 수 없다고 했다.

어째서 닭목 새는 비행 능력을 잃지 않는가. 이것을 알려면 반대로 비행 능력을 잃기 쉬운 새의 구조를 설명하는 편이 빠르다. 날지 않는 새로 변하기 쉬운 종에는 두루미목의 뜸부기과가 있다. 오키나와에도 오키나와뜸부기라고 하는 날지 않는 뜸부기과 새가 분포한다.

뜸부기는 왜 날지 않는 새가 되기 쉬운가. 이에 대해서는 앞에서도 간혹 언급한 페두차의 『The Origin and Evolution of Birds새의 기원과 진화』에 자세히 나와 있다. 날지 않게 된 현대의 뜸부기는, 멸종한 종까지 포함하면 뜸부기과의 4분의 1을 차지한다고 한다. 숫자로 따지면 60종이 넘는다. 특히 태평양의 섬들에는 비록 인간에 의해 멸종되긴 했으나 날지 않는 뜸부기가 다수 서식했다고 한다. 모두 날 수 있는 조상이 섬에 이르러 날지 않게 된 것이다.

섬에 사는 새가 날기를 포기하기 쉬운 데는 이유가 있다. 천적이 없는 섬에서는 날아서 달아날 필요가 없다. 따라서 날기 위해 힘을 쓴다든지 근육을 키우고 유지하지 않아도 된다. 그런 수고를 절약하면 자원이 부족한 섬에서 살아남는 데 유리하다.

그럼 어떻게 하면 날지 않는 새가 될 수 있을까. 페두차는 이것을 유형성숙neoteny으로 설명한다. 어릴 때 성장을 멈추고 성적으로만 성숙하여 번식하는 것을 유형성숙이라고 한다. 유명한 예로 변태

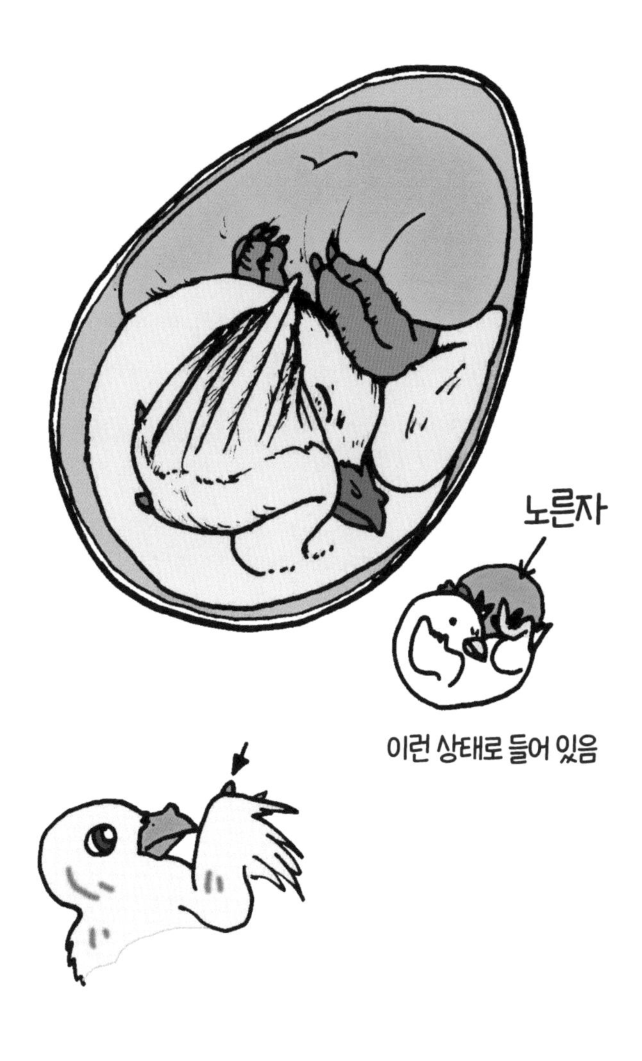

공작의 알 속에 든 새끼(배아). 날개에 발달한 날개깃이 돋아 있다.
그리고 손톱도 나 있다.

과정을 거치지 않고 생식 활동을 하는 도룡뇽목의 아홀로틀(우파루파)을 들 수 있다. 그렇다면 새는 어떨까? 어떤 새든 배아일 때는 날 수 없다. 날개가 온전하지 않고 용골돌기도 생기기 전이다. 즉, 이 단계에서 성장이 멈추면 새는 날 수 없다. 그러나 페두차에 따르면 모든 새가 유형성숙으로 비행 능력을 잃는 건 아니다. 성장이 멈췄을 때 비행 능력 이외의 다른 생활 체제는 갖춰져 있어야 하기 때문이다. 그렇지 않으면 그 새는 죽고 만다. 뜸부기의 경우 몸의 다른 부분이 생겨야 나는 데 필요한 가슴뼈가 생기기 시작한다. 그래서 용골돌기의 발달이 멈춰도 죽지 않는다.

이와 반대인 것이 닭목 새다. 그들은 부화 단계에서 이미 골격적으로는 날 수 있는 능력을 거의 갖추고 있다. 닭목에 속하는 공작의 배아를 보고 놀란 이유는 그 특징이 너무 두드러졌기 때문이다. 날 때부터 비행 능력을 갖춘 닭목 새는 비행 능력을 잃으려야 잃을 수 없다. 용골돌기의 성장을 멈추면 배아 자체가 죽어 버리기 때문이다. 닭은 날지 못하는 새라는 인식이 있지만 닭목에 속하는 이상 몸 구조는 나는 데 충분하다. 그럼에도 닭이 날지 못하는 이유는 몸무게 증가나 습성 변화 때문일 것이다.

DNA 연구에 따르면 닭목은 기러기목과 나란히 오래된 유형의 새로 꼽힌다. 원래 새끼 새는 부화하자마자 자립했을 것이다. 왜냐하면 그 조상인 공룡은 부모가 자식을 돌보지 않았기 때문이다. 다만, 일부 공룡에게는 자식을 돌보는 습성이 있었다는 연구 결과가 있기는 하다. 닭목이 비행 능력을 잃기 힘든 이유는 이런 자립하는 새끼의 역사를 계승했기 때문인지도 모른다. 그렇다면 더더욱 닭목보다 오랜 형질을 간직한 타조가 날지 못하게 된 것에는 어떤 사정이 있을지 궁금

날지 못하는 새들

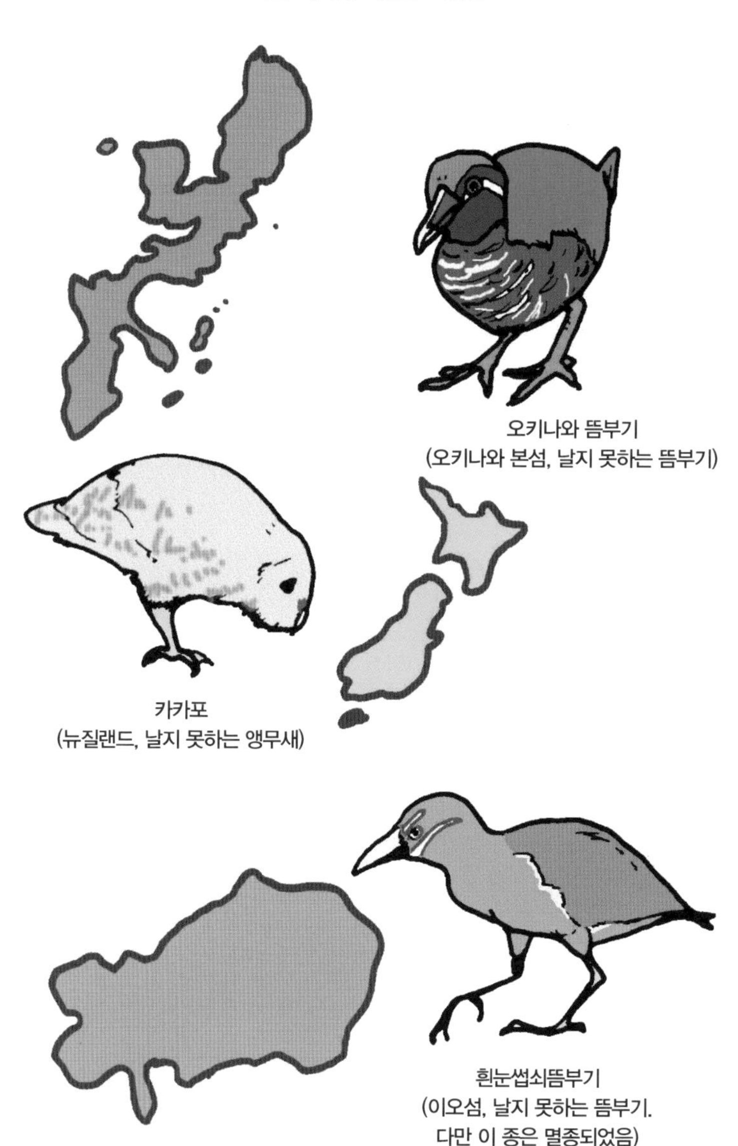

오키나와 뜸부기
(오키나와 본섬, 날지 못하는 뜸부기)

카카포
(뉴질랜드, 날지 못하는 앵무새)

흰눈썹쇠뜸부기
(이오섬, 날지 못하는 뜸부기.
다만 이 종은 멸종되었음)

해진다. 지금으로서는 도무지 알 수 없겠지만 말이다.

이 장에서는 조상인 공룡으로부터 현재 9천여 종까지 가짓수를 늘린 새들의 다양성을 뼈를 통해 살펴보았다. 다음 장에서는 그 다양한 새 중에서도 공룡의 모습이 가장 잘 엿보이는 새의 뼈를 탐색하겠다.

6장

달리는 새들의 뼈

새끼 타조

"새끼 타조를 보낼까 하는데, 몇 마리 필요하세요?"

오랜만에 내게 전화한 야인의 용건은 이러했다. 느닷없이 새끼 타조가 몇 마리 필요하냐는 질문에 당황했다. 하지만 그것도 잠시, 새끼 타조를 가까이서 볼 기회란 좀처럼 찾아오지 않을 테니 곧장 "두 마리 보내 줘."라고 대답했다. 그러면서 딱 하나 확인한 것이 있었다. 생후 2주 되었다는 새끼의 크기다.

"글쎄요… 타조알 아시죠? 그거 두 개 정도 크기예요." 야인이 대답했다. '그 정도면 괜찮겠다'라고 생각했다. 뭐가 괜찮은가 하면 입수한 사체의 보관 장소 말이다. 우리 집에서는 가정용 냉장고의 냉동실이 사체 보관실로 쓰인다(사람이 먹는 냉동식품은 얼음 칸에 넣는다). 그곳은 별로 넓지 않다. 게다가 밀린 작업물로 꽉 차 있을 때가 많다. 새끼 타조 두 마리 중에서 한 마리는 받자마자 처리하면 다른 한 마리는 어떻게든 냉동실에 욱여넣을 수 있겠지. 머릿속으로 여유 공간을 따져 봤다.

그로부터 이틀 후 새끼 타조의 사체가 배달되었다. 새끼는 약간의 자극에도 놀라 벽을 들이받고 죽을 수 있다고 한다. 또 침입한 개에게 물려 죽은 적도 있다고 한다. 야인은 '이번에는 현장에 없었기 때문에 새끼의 사인을 모른다'라고 말했다. 그러나 상자 안에 든 새끼의 몸에 눈에 띄는 외상은 없었다.

새끼 타조는 예상보다 컸다. 새끼인데도 작은 닭에 버금가는 크기였다. 간신히 한 마리를 냉동실에 욱여넣고 다른 한 마리는 그날 안에 해체하기로 했다. 새끼 타조의 전신 골격 표본을 만들 작정이었다.

생후 2주 된 새끼 타조

몸을 뒤덮은 깃털은 특이하게 생겼다.
보송보송하다기보다 까슬까슬한 느낌이다.

우선 겉모습을 관찰했다. 새끼 타조는 둥글둥글하게 생겨서 귀여웠다. 살아 있을 때는 분명 사랑스러웠을 것이다. 머리에서 목까지 줄무늬가 나 있었다. 머리의 깃털은 적었다. 그래서 큰 귓구멍이 보였다. 새의 귓구멍은 보통 깃털 속에 숨어 있어서 평소에는 보이지 않는 부분 중 하나다.

머리와 다르게 몸통은 새끼 특유의 깃털로 완전히 덮여 있었다. 그리고 그 모양은 특이했다. 보송보송하다기보다 까슬까슬해 보였다. 하나를 뽑아 살펴봤다. 새의 깃털도 부위에 따라, 또 성장 단계에 따라 각기 생김새가 다르다. 새끼 타조의 깃털은 기본적으로 다른 새끼 새와 다르지 않다. '면우'라고 부르는 짧고 부드러운 솜털이 새끼 타조에게도 있다. 이 깃털은 비행이 아니라 체온 유지 등에 쓰인다. 털이 하나의 축에서 사방으로 뻗은 구조다. 새끼 타조의 깃털이 다른 새의 면우와 다른 점은 그 속에서 긴 가닥이 세 개쯤 튀어나와 있다는 것이다. 그래서 새끼 타조는 몸 표면이 빳빳해 보인다.

새끼의 겉모습 중에서 가장 확인하고 싶었던 부분이 날개였다. 날개를 들어 살펴보니 엄지와 검지(실은 다른 손가락이라는 의견도 있지만)에 손톱이 붙어 있었다. 그것 자체는 이미 어른 타조의 날개에서 확인한 바 있지만 새끼를 보니 그 형태가 좀 더 손에 가까웠다. 프라이드치킨의 다리뼈에서 확인했듯 새끼나 배아 시기에는 조상의 모습이 좀 더 선명하게 관찰되고는 한다. 날개 안쪽을 보니 비록 손톱은 없었으나 중지도 어엿한 하나의 손가락으로서 독립해 있었다(닭 날개에서는 중지와 검지와 합쳐진 것처럼 보인다).

얼추 겉모습을 관찰하고 해부를 시작했다. 우선 가죽을 벗겨야

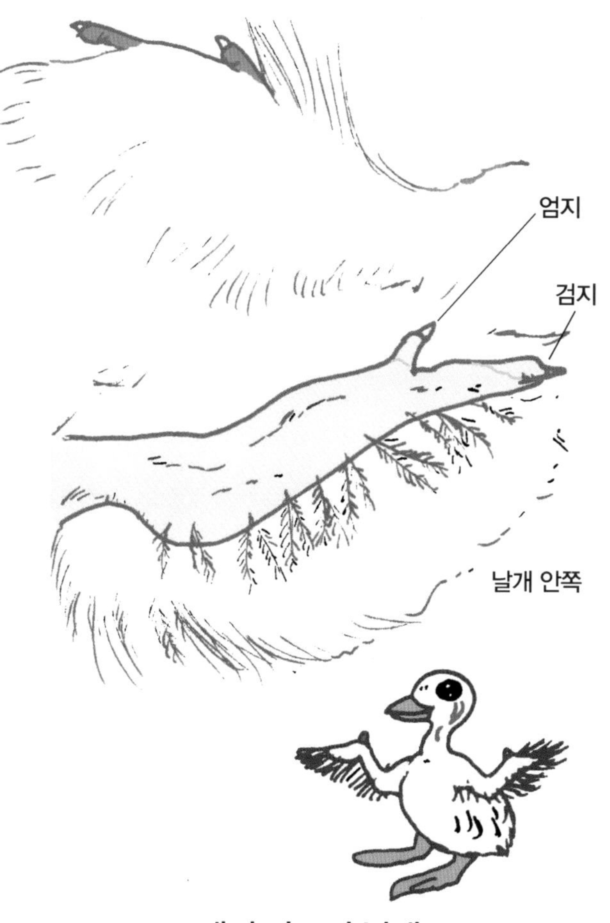

새끼 타조의 날개

엄지와 검지에 손톱이 있다.
그리고 닭에 비해 엄지의 형태가 더 뚜렷하다.

했다. 새끼 타조는 새치고는 가죽이 두꺼워서 벗기기 편했다. 가죽을 벗기고 복부의 막을 갈라 내장을 들여다봤다. 그런데 그 구조에 놀랐다. 복강이 창자로 가득 차 있었기 때문이다. 하늘을 나는 새는 창자가 짧다. 먹은 음식을 되도록 빨리 소화·흡수하고 배설해 몸을 가볍게 만들려고 하기 때문이다. 그에 비하면 새끼 타조의 창자는 훨씬 길었다. 죽은 지 며칠이 지난 새끼의 창자는 발효가 시작되어 부풀어 있었다. 창자간막을 자르고 창자를 펼쳐 길이를 재기로 했다. 고생 끝에 펼친 창자의 길이는 약 3미터에 달했다. 위장은 닭에 비해 컸다. 긴 지름이 115밀리미터였다. 앞에서 새끼의 생김새가 둥글둥글해서 귀엽다고 했는데, 그 귀여움은 배 속에 들어찬 긴 창자와 큰 위장에서 비롯된 것이었다.

새끼인데도 다리 살이 통통하게 올라 있었다. 신선했으면 맛이 좋았을 것 같았다. 가죽을 벗기고 내장을 꺼낸 다음 다리 살을 깎았다. 새끼 타조는 덩치만 크고 골격이 아직 골화되지 않아 연골이 많다. 그래서 무턱대고 냄비에 삶으면 발골에 실패한다. 새끼 새나 몸집이 작은 새(직박구리 이하의 크기)의 전신 골격을 표본으로 만들고 싶다면 삶지 말고 최대한 살점을 깎아 나간다. 더 이상 깎을 살점이 없을 때 틀니 세정제 용액에 담가 살점 찌꺼기를 녹인다(핀셋으로 날마다 눈에 띄는 살점을 제거한다. 용액도 썩지 않도록 교체한다). 이때 머리뼈만 따로 빼 둔다. 머리뼈에서는 뇌를 긁어내야 하기 때문이다. 공막고리뼈를 꺼내고 싶으면 머리뼈에서 뺀 눈도 같이 용액에 넣어 둔다. 끝으로 물로 씻고, 스티로폼 판에 철사나 핀 등으로 골격의 자세를 잡아 건조한다. 이때 등뼈에 가는 철사를 넣는다(목 밖으로 빼서 5센티미터 정도 남겨 둔다. 그러면 나중에 머

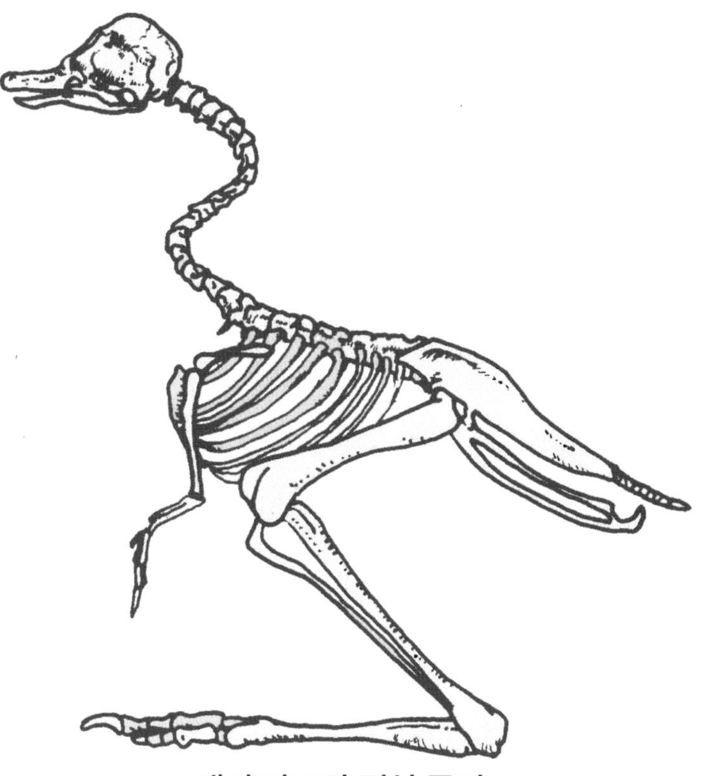

새끼 타조의 전신 골격

날개뼈에 비해 다리뼈가 발달했다.
그리고 가슴뼈에 용골돌기가 없다. 꼬리뼈도 길다.

리뼈를 붙일 때 편리하다). 만약 작업 도중 떨어진 뼈가 있다면 건조 후 접착제로 붙인다. 머리도 건조 후 몸통에 붙인다. 이렇게 제작한 것은 인대가 남아 있어서 건조한 뒤에도 필요할 경우 습기를 가하면 자세를 바꿀 수 있다.

틀니 세정제 대신 배수관 세정제를 희석해 사용할 수도 있다. 각각 장단점이 있는데, 배수관 세정제는 더 강력해서 작업 시간을 단축할 수 있다. 또 부패하기 시작한 사체, 부패할 듯한 다소 큰 사체를 다룰 때 편리하다. 하지만 효과가 강력한 만큼 뼈가 훼손될 우려가 있고 결과물도 틀니 세정제를 사용한 표본이 더 깨끗해 보인다. 새끼 타조를 작업할 때는 배수관 세정제를 사용해 전신 골격 표본을 만들었다.

공룡 같아요!

"냄새가 고약하지만 문제없어."

모여든 학생 앞에서 스기모토가 큰소리쳤다. 새끼 타조 두 마리 가운데 한 마리는 내가 전신 골격 표본으로 만들었지만 다른 한 마리는 산고샤스콜레에 가져가서 학생들과 해부하기로 했다. 이때 타조 껍질을 벗긴 사람이 스기모토였다. 그는 새를 박제하는 취미가 있다. 배달된 새끼 타조는 이미 살짝 썩는 냄새를 풍겼으나 이 상태면 그럭저럭 박제할 수 있다고 스기모토는 내게 장담했다. 게다가 해부를 견학하러 모인 학생들이 이상한 냄새가 난다고 투덜대자 이 정도 냄새는 괜찮다면서 일부러 코를 사체에 갖다 대고 한껏 냄새

골격 표본 제작법
뇌
삶지 않은 상태에서
최대한 살점을 발라냄
틀니 세정제
용액에 담가
살점 찌꺼기를 녹임
자세를 잡아 건조함
완성

를 들이마셨다.

"봐, 이게 날개야. 딱 보면 알겠지? 여기 손톱이 있어. 손가락은 세 개야." 스기모토가 학생들에게 설명을 시작했다.

"어라, 손가락이 세 개밖에 없다고요? 진화했는데도요?"

학생들 속에서 그런 질문이 터져 나왔다. 새의 손가락이 세 개인 이유는 삶에 맞춰 진화했기 때문이 아니라 역사를 계승했기 때문이다.

"타조 발에 있는 발가락은 엄지인가요?"

이런 질문도 나왔다. 새끼 타조도 발가락이 두 개인데 그것은 중지와 약지다. 새끼의 전신 골격 표본을 만들다가 흥미로운 사실을 깨달았다. 타조 발가락은 두 개이므로 그 개수에 맞춰 부척골 끝에 두 개의 돌기가 있다. 그런데 새끼 타조의 부척골에는 작은 세 번째 돌기가 있었다. 위치는 부척골 안쪽. 퇴화한 검지가 달려 있던 돌기의 흔적이리라. 타조의 발가락이 옛날부터 두 개였던 것은 아니라는 증거다.

가죽을 벗기는 한편, 가슴뼈에 용골돌기가 없다는 게 무엇을 의미하는지도 설명했다. 그런데 새끼의 몸을 이리저리 뒤집으며 가죽을 벗기려니 자꾸만 목이 축 늘어졌다. 그 모습을 보고 학생이 또 물었다.

"새끼 타조의 목에는 뼈가 없나요?"

"목은 연골로 되어 있어요?"

포유류의 목에는 뼈가 일곱 개뿐인데 새의 목은 그보다 많은 뼈로 이루어져 있다. 학생들의 질문을 듣고 그 사실도 잘 알려지지 않았음을 깨달았다. 새끼 타조의 목은 열일곱 개의 뼈로 이루어져 있다.

"목이 가늘고 길어서 머리 가죽을 벗기기 힘드네요."

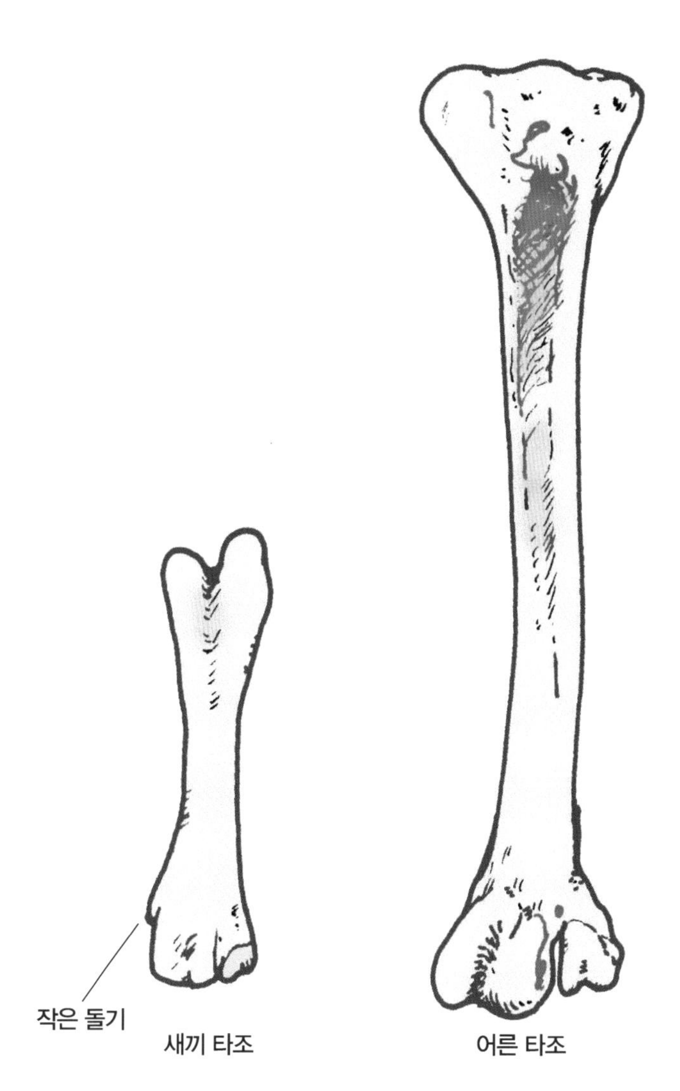

타조의 부척골

새끼의 부척골에는 약지의 흔적으로 보이는 돌기가 있다.

박제를 만들기 위해 정성껏 가죽을 벗기던 스기모토가 푸념했다. 그 머리에 관해 다시 대화가 오갔다.

"여기 보이는 것이 타조 귀야."

"와!" 학생들이 일제히 탄성을 터뜨렸다. "그럼 닭에게도 귀가 있어요?"라는 질문이 날아왔다. 타조와 달리 일반 새는 깃털로 덮여 있어서 귀가 보이지 않는다.

가죽을 다 벗긴 뒤에는 내장을 관찰하기 시작했다. 창자간막을 잘라 창자를 쭉 펼치자 한 학생이 "모래주머니는 어떤 거예요?"라고 물었다. 스콜레 안에서 먹보 친구로 소문난 소나였다. 소나는 타조를 해부하는 광경을 보며 닭꼬치를 연상한 것이다.

"모래주머니는 모든 새에게 다 있어요? 그거 맛있는데. 그 속에는 정말 모래가 들어 있나요?" 소나는 연달아 물었다.

모든 새의 위장에 모래가 든 건 아니라는 사실은 앞에서 잠깐 언급했다. 참고로 내가 해부했던 새로 예로 들면 백할미새, 개똥지빠귀, 알락도요, 태평양제비*Hirundo tahitica*, 바다직박구리 등의 위장에서는 모래가 나오지 않았다. 모래가 나온 새는 앞서 언급했던 것 외에도 흰배지빠귀, 종다리 등이 있다.

새끼 타조의 모래주머니를 갈랐다. 안에는 사료와 함께 몸집에 비해 큰, 지름이 1센티미터쯤 되는 돌이 하나 들어 있었다. 반면 내가 골격 표본으로 만든 새끼의 모래주머니에는 작은 돌이 여럿 들어 있었다. 역시 같은 종류의 새라도 개체마다 차이가 있다.

"우와, 맛있겠다." ……소나는 모래주머니의 단면을 보고 탄성을 질렀다. 곧이어 "염통은 어떤 거예요?"라고 물어서 나를 웃게 만들었다. 새 뼈에서 공룡을 보려면 '기술'이 필요한데 타조 해부를 보면서 계속 닭꼬치를 연상하는 것도 대단하게 느껴졌다. 드디어 완성된 새끼 타조의 전신 골격을 들고 소나네 반에 수업하러 갔다.

"공룡 같아요!"

소나가 수업 시간에 이렇게 외쳤다. 새 뼈를 보여 줬을 때 '공룡'이라는 말이 나온 유일한 순간이었다. 나도 새 뼈 중에서는 새끼 타조의 전신 골격이 가장 공룡 같다고 생각한다. 이유는 몸집에 비해 큰 발, 작은 날개 등 새답지 않은 형태에 있다. 꼬리가 긴 것도 공룡

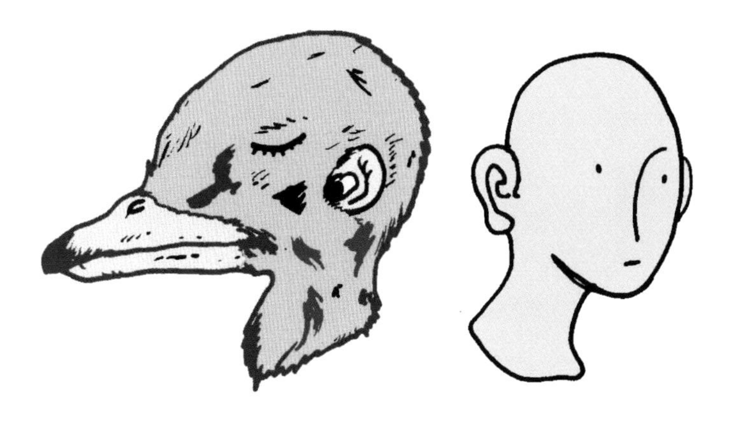

포유류만큼 눈에 띄진 않지만 새에게도 어엿한 귀가 달려 있다.

같은 모습에 일조한다.

지금껏 언급하지 않았으나 공룡이 새로 진화하는 과정에서는 꼬리도 짧게 변화했다. 그래도 시조새는 공룡에게 물려받은 긴 꼬리가 있으나, 닭은 꼬리뼈가 일곱 개밖에 없다. 그중에서 맨 마지막 뼈를 미단골이라고 부른다. 『The Origin and Evolution of Birds새의 기원과 진화』에 의하면 닭뿐만 아니라 현대의 모든 새는 알 속의 배아 단계 때 네 개에서 일곱 개의 뼈가 하나로 융합해 미단골이 된다고 한다. 이 미단골에는 꽁지깃이 나 있다. 새는 꼬리가 짧아진 대신 거기에 마음대로 제어할 수 있는 꽁지깃을 달 수 있었다. 미단골 양옆에는 기름샘이 있어서 깃털에 바르는 기름이 분비된다. 그런데 새끼 타조의 꼬리를 보면 뼈가 아직 완전히 융합되지 않아서 총 열한 개나 된다. 바로 그 점이 공룡 같다. 새는 공룡의 후손으로 알려졌으나 하늘을 나는 삶 때문에 지금은 그 역사가 눈에 잘 보이지 않는다. 그렇다면 차선책으로서 나는 것을 포기한 새의 뼈를 보면 다른 새에게서는 볼 수 없는 뭔가가 보이거나 느껴지지 않을까.

에뮤 배달

상자에 든 에뮤가 도착했다. 보낸 사람……은 야인이었다. 야인이 일하는 타조 목장에서는 시험 삼아 에뮤도 몇 마리 키우는데 그중 한 마리가 죽었다고 했다.

에뮤는 오스트레일리아에 분포하는 날지 못하는 새다. 『動物たちの地球 13동물들의 지구 13』에 따르면 에뮤는 키 1.5~2미터, 몸무게

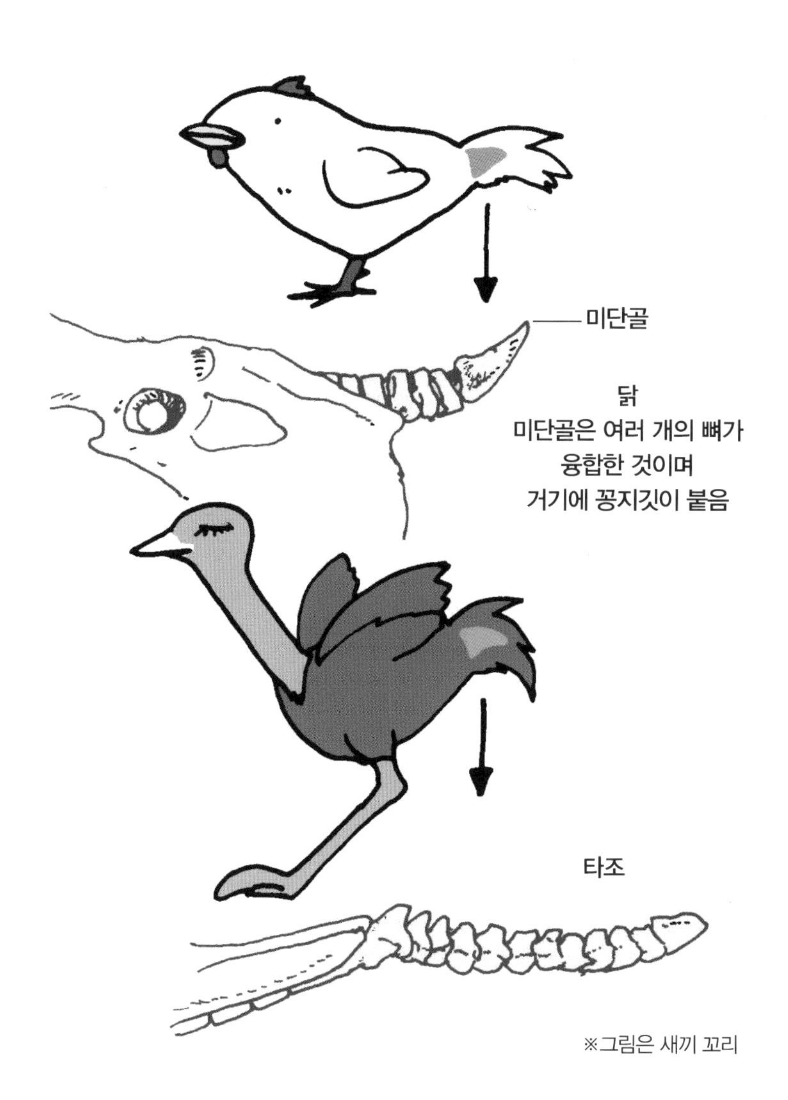

꼬리뼈

새끼 타조는 꼬리 끝의 뼈가 융합되어 있지 않다.

40~50킬로그램으로 타조보다 조금 크기가 작다. 타조와 에뮤의 관계에 대해서는 연구자들의 의견이 둘로 갈린다. 하나는 서로 같은 종이 역사적으로 격리되어 분포하고 있다는 설, 또 하나는 서로 다른 땅의 다른 종이 삶에 맞춰 나는 능력을 버리고 거대화되면서 모습이 비슷해졌다는 설이다.

타조와 에뮤에 더해 남미의 레아와 다윈레아, 오스트레일리아 및 뉴기니에 분포하는 화식조류, 뉴질랜드에 분포하는 키위 등을 통틀어 주조류라고 한다. 주조류는 그 수수께끼 같은 관계를 비롯해서 매력이 많은 새다. 그렇지 않아도 타조 말고 다른 주조류의 뼈도 보고 싶었는데 야인이 그 소원을 일부 이루어 주었다.

우리 집에 배달된 에뮤는 머리와 다리, 가슴, 날개 부분이었다. 타조는 혼자 해체했지만, 이날은 정반대로 여러 명과 함께 우리 집에서 에뮤를 기다렸다. 마침 제자 두 명이 오키나와에 놀러 온 데다가 스기모토와 그의 생물 애호가 친구 네 명도 와 있었다. 집을 마련하고 처음으로 빚는 혼잡 속에서 에뮤 발골이 시작되었다.

각자 역할을 정했다. 사실 모인 사람 중에서 가장 손재주가 없는 것이 나였다. 그래서 가장 만만해 보이는 가슴을 담당했다. 스기모토는 날개 가죽을 벗기기 시작했다. 에뮤의 날개는 매우 이상한 모양이었다. 막대처럼 살짝 길쭉했다. 그 날개 끝에는 손톱이 하나 달려 있었다. 다른 새의 날개와 너무 느낌이 달라서 당황스러웠다. 타조 날개도 닭에 비해 이상했지만, 에뮤를 보니 이제 타조 날개가 평범하게 느껴졌다.

"이 날개, 손목 부분이 돌아가지 않네요. 그래서 손가락 끝만 좌우로 움직여요……." 스기모토가 그렇게 말하면서 꺼낸 뼈에는 손

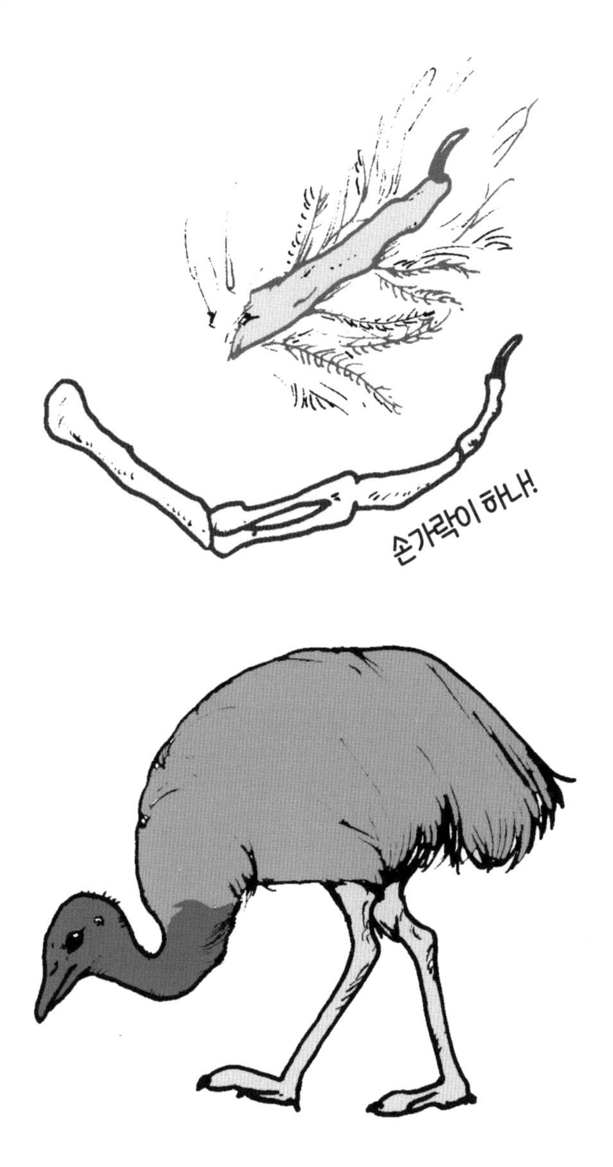

에뮤의 날개뼈는 주조류 중에서도 유독 특이하게 생겼다.

가락이 하나뿐이었다. 놀라웠다.

새 날개에는 손가락이 세 개 있다. 발가락은 기본적으로 네 개인데, 나뭇가지를 붙들고 앉을 필요가 없는 물새는 발 뒤쪽의 엄지가 퇴화했다. 한편 타조 발가락은 두 개다. 이처럼 발가락 수는 새마다 조금씩 차이가 있다. 그러나 손가락 개수는 거의 예외 없이 세 개다. 날개는 형태를 바꾸기 힘들다. 그런데도 형태가 바뀐 몇 안 되는 예외 중 하나가 펭귄이다. 펭귄은 손가락이 두 개뿐이다. 게다가 그 뼈의 형태도 몹시 특이하다. 그런데 에뮤의 날개뼈는 펭귄보다 더 기묘했다. 같은 주조류인데도 타조와 에뮤의 날개뼈가 사뭇 달랐다(참고로 『ゲッチョ先生の卵探検記겟초 선생의 알 탐험기』에 보면 알의 맛도 사뭇 다르다고 적혀 있다). 해체한 뼈의 길이를 쟀더니 위팔뼈가 95밀리미터, 자뼈와 노뼈가 60밀리미터였다. 자뼈와 노뼈는 손허리뼈와 융합되어 있었다. 그래서 손목이 돌아가지 않는 것이었다. 손허리뼈는 43밀리미터로, 그 끝에 검지 뼈만 돋아 있었다. 날개뼈의 길이는 손톱까지 포함해서 총 20센티미터 남짓. 다음으로 살펴볼 다리뼈에 비해 현저히 빈약했다.

그렇다면 다리는 어떨까. 그 부분은 스기모토의 친구들이 담당했다. 모두 나름대로 뼈 경험자였기 때문에 다리는 금세 뼈만 남았다. 정강뼈와 종아리뼈는 거의 융합되어 있었다. 길이는 400밀리미터. 그 끝에 달린 부척골은 330밀리미터였다. 타조는 발가락이 두 개였으나 에뮤는 세 개였다. 가장 긴 중지는 길이가 130밀리미터였다(거듭 말하지만 나뭇가지를 붙들 일이 없는 주조류는 엄지가 퇴화한다).

대강 살점이 발린 넙다리뼈와 복장뼈를 뜨거운 물이 담긴 큰 냄비에 넣자 둥둥 떴다. 기낭이 뚫려 있어 뼈가 가볍기 때문이다. 강력한

새의 손가락뼈는 대체로 세 개지만 펭귄은 두 개뿐이다.

인력 지원 덕분에 작업 자체는 약 두 시간 반 만에 끝났다. 이제는 혼자 느긋하게 뼈를 삶을 차례였다. 에뮤 뼈에는 기름기가 많아서 물을 갈며 여러 번 삶아야 했다. 그 과정에서 기낭이 뚫린 뼈는 완전히 하얘졌으나 정강뼈나 부척골 등 물에 가라앉는 뼈는 몇 번을 삶아도 기름이 다 빠지지 않아 살짝 누런빛이 돌았다. 에뮤를 해체하면서 같은 조주류라도 종에 따라 뼈가 다양하다는 사실을 다시금 확인했다.

화식조 해부

뼈가 다양한 주조류 중에서도 화식조의 뼈는 꼭 실제로 보고 싶었다. 화식조는 각질로 된 볏이 달린 기묘한 머리를 가졌으며 검은 도롱이 같은 윤기 나는 깃털로 덮여 있다. 사는 곳은 열대 밀림이다(종류는 세 가지로 큰화식조, 작은화식조, 파푸아화식조가 있다). 『動物たちの地球 13동물들의 지구 13』에는 이렇게 적혀 있다.

매우 겁이 많다. 작은 소리에도 놀라 갑자기 상대를 가리지 않고 마구 날뛸 때가 있다. 그럴 때는 강력한 발톱으로 상대에게 치명상을 입힐 수 있다.

'현대 조류 중에서 가장 공룡을 닮은 새가 아닐까.' 새 뼈에서 공룡의 흔적을 찾는 내게 화식조는 그런 기대감을 주는 존재였다. 그렇지만 화식조가 사는 지역으로 훌쩍 떠날 수는 없었다. 설령 떠나더라도 가까이서 볼 수 있다는 보장이 없었다. 그런데 생각지 못한 기회에 꿈이 이루어졌다.

내 제자 중 하나인 마키코는 오사카의 자연사박물관에서 일한다.

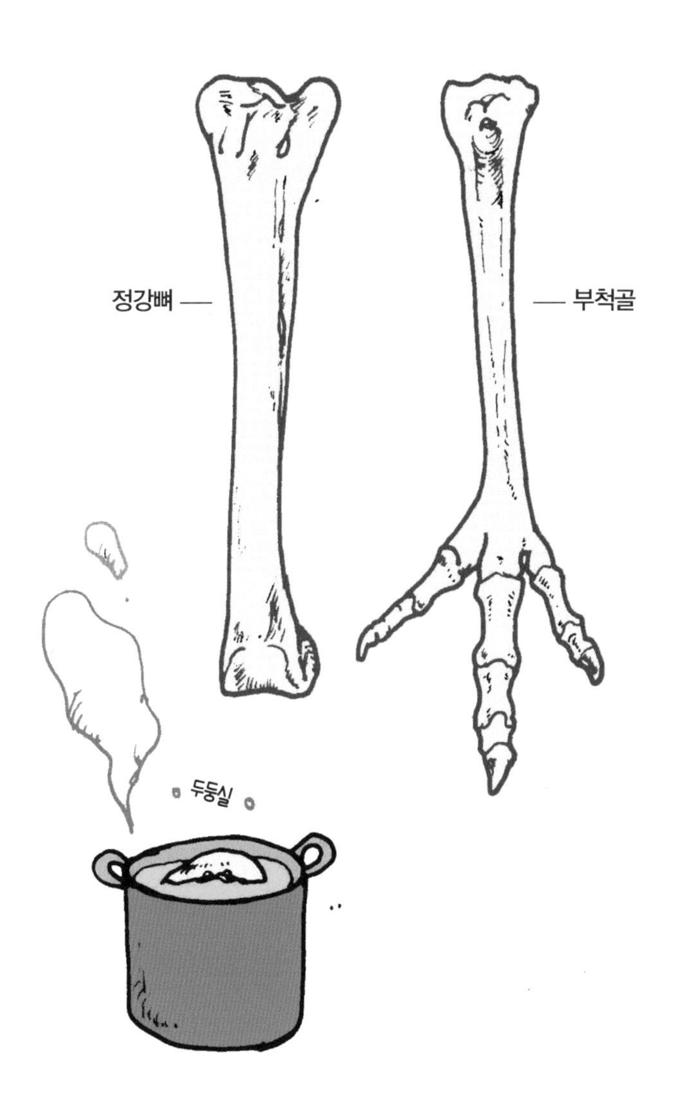

에뮤의 발가락은 세 개다.

그녀는 고등학교 시절부터 교통사고로 죽은 너구리 따위를 해부하는 데 맛을 들였다. 그 취미가 박물관에서 일하면서 본격화되었다. 새 전문 학예원인 와다 씨와 함께 '나니와 뼈뼈단'이라는 모임을 결성했다. 박물관의 수집 자료를 만드는 데 도움을 주는 봉사 단체였다. 구성원에 초등학생만 한 아이가 여럿 포함되어 있다는 점이 재미있다. 박물관에는 간혹 동물원에서 죽은 동물이 실려 온다. 몸집이 큰 사체도 이 모임에서는 표본으로 활용할 수 있게 처리한다.

"화식조의 가죽을 벗길 예정이에요." 표본으로 만들 사체 중에 화식조가 있다는 마키코의 연락을 받았다. 나는 당장 오사카로 날아갔다.

박물관 실습실이 뼈뼈단의 활동 장소였다. 당일 실습실에서는 아이부터 어른까지 다양한 연령대의 뼈뼈단 회원들이 모여 각자 맡은 뼈를 해체했다. 한편에서는 실험용 책상 하나를 화식조가 통째로 점령하고 있었다. 몸통부터 목까지는 얼마 전 이미 해부가 끝나 뼈만 남은 채였다. 나는 그중 하나인 어깨뼈의 오훼골을 살펴보았다. 타조처럼 날지 않는 새인 화식조는 어깨뼈와 오훼골이 일체화되어 있었다.

화식조의 날개에는 에뮤처럼 손톱이 하나 달려 있었다. 그 길이는 30밀리미터였다. 가죽이 붙어 있으면 손가락이 몇 개인지 알 수 없다. 뼈뼈단의 일원인 밋짱이 낑낑대며 날개 가죽을 벗기기 시작했다. 뼈만 볼 거면 그냥 날개 가죽을 가르면 그만이지만 이날은 그럴 수 없었다. 박제와 골격 표본을 모두 만들 예정이므로 둘 다 훼손하면 안 됐다. 고생 끝에 가죽 안에 든 손가락이 세 개임을 확인했다. 역시 저번에 발골한 에뮤의 날개는 주조류 중에서도 꽤 특수한 사례인 듯했다. 다만 발가락은 에뮤와 마찬가지로 세 개였다.

박물관의 자료 표본을 만드는 '나니와 뼈뼈단'.

화식조의 가죽을 벗길 때 가장 고생한 부분이 머리의 돌기 모양 볏이었다. 그곳을 담당한 사람은 새 가죽 벗기기의 고수인 와타 씨였다. 돌기는 전부 각질로 되어 있었다.

"이 안에 뭐가 든 거지?" 화식조 사체 앞에서 그런 의문의 목소리가 오갔다.

"좋은 질문이야." 와다 씨가 대꾸했다. 그러나 자신도 그 안이 어떤 구조인지 모른다고 했다.

볏 안에 뼈가 있는지 없는지를 두고 의견이 엇갈렸다. 와다 씨가 볏에 메스를 댄 결과 각질 표피 아래는 순전한 뼈였다. 와다 씨는 볏의 중심선을 따라 메스 날을 움직였다. 그렇게 표피를 반으로 갈라 안에서 뼈를 꺼내기 시작했다. 당연히 표피(볏 포함)와 뼈 모두 다치지 않게 조심하며 둘을 분리해야 했는데 여간 힘든 일이 아니었다. 표피는 또 어찌나 딱딱한지 너무 크지 않은 날로 여러 번 칼집을 넣어 조금씩 틈새를 벌려 나가는 수밖에 없었다.

"화식조의 볏을 가르는 도구가 있으면 좋겠군." ……새 박제 전문가인 와다 씨 입에서 그런 말이 나올 정도였다(이런 도구를 원하는 사람이 과연 세상에 몇이나 될까).

작업을 마친 조가 나직이 대화했다.

"날개가 작아서 공룡 같았어."

"그럼 우리는 공룡의 가죽을 벗긴 셈이네."

나는 타조와 에뮤의 몸의 일부밖에 해체해 보지 못했다. 그런데도 그 과정에서 '공룡을 해체하고 있다'라는 느낌이 든 적은 없었다. 하지만 화식조 한 마리를 통째로 해부하고 있으니 전혀 새를 다룬다는 느낌이 들지 않았다.

화식조의 날개

퇴화해서 깃대만 남은 날개깃이 달려 있다.

뼈를 잇는 것

“용돈을 받을 때마다 프라이드치킨을 사서 뼈를 발랐는데 어디가 어딘지 몰라서 실패했어요.” 고타가 말했다. 프라이드치킨 뼈를 짜 맞추는 일은 아이에게는 조금 어렵다.

“닭의 골격 표본이 8천 5백 엔(약 8만 5천 원—옮긴이)이면 비싼 거예요?”

“어디서 그런 걸 팔아?”

“박물관 같은 데서요. 사진 않았어요. 흠, 이렇게 붙이라던데……. 제가요, 프라이드치킨 뼈를 발랐는데 다리뼈만 서른여섯 개가 되었거든요.”

고키의 말에 웃음을 터뜨리고 말았다. 프라이드치킨을 한 조각씩 사서 모았는데 어쩌다 보니 다리만 많아진 것이다.

“있잖아요, 화석 전람회에 갔더니 시조새 모형을 12만 엔(약 120만 원 —옮긴이)에 팔더라고요.” 고키에게 질세라 유다이가 다른 화제를 꺼냈다.

언젠가 가나가와현 어린이를 대상으로 뼈 학교를 열 기회가 있었다. 화석이 된 뼈를 보며 뼈의 주인을 추측하고 공룡 이야기를 한 뒤 마지막으로 한 사람 한 사람에게 프라이드치킨 조각을 나누어 주었다(주최자가 통이 컸다).

“이건 어디 뼈예요?” 프라이드 치킨을 손에 든 아이들이 잇따라 물었다.

“제 치킨은 뼈가 적은데요.” 다른 때 같았으면 애물단지 취급을 받았을 뼈가 이날만큼은 인기를 끌었다. 뼈가 가장 적은 날개힘살에 당첨된 아이가 불만을 토로하기도 했다.

끝으로 아이들에게 비닐봉지와 함께 틀니 세정제를 하나씩 나눠

주었다.

"몇 번 푹 삶고 이 약을 넣으면 깨끗한 골격 표본을 만들 수 있단다."

그다음 작업 과정을 일러 주었다. 그렇게까지 하는 아이가 없어도 괜찮았다. 그런 세계도 있다는 사실을 알아주는 것만으로도 충분했다.

그런데 웬걸. 이듬해 그 아이들과 다시 만났는데 그중 세 명은 정말 뼈 탐험을 실천하고 있었다.

"틀니 세정제를 사러 갔더니 절 이상한 눈으로 쳐다봤어요." 고키의 말에 또 웃음을 터뜨리고 말았다(나중에 커서 어떤 어른이 될까).

"배수관 세정제를 몇 대 몇으로 희석하는지 모르겠어요." 유다이도 궁금했던 것을 질문했다.

고타는 "마당에 죽은 뱀을 말리는데 썩는 냄새가 나요. 어떡하면 좋을까요?"라고 물었다.

고키와 유다이는 프라이드치킨을 짜 맞추기는 어려워서 저녁에 먹었던 생선이나 직접 낚은 생선으로 작업한다고 했다. 집 냉장고의 냉동실 한편에 사체 전용 공간을 마련했다는 말을 듣고 얼마나 웃었는지 모른다. "거기 말고 다른 곳에는 넣으면 안 된대요. 지금 금붕어랑 방어 머리뼈 두 개가 들어 있어요."라고 고키는 말했다. 아이들은 스스로의 힘으로 자신만의 '뼈 탐험'을 시작했다.

결국 새가 '가난한 자의 공룡'이라는 것은 그리 쉽게 실감할 수 없었다. 그렇지만 적어도 프라이드치킨 뼈를 계기로 '뼈 탐험'을 시작한 아이들은 생겼다. 그것은 사실이다.

아직도 뼈는 뭐니 뭐니 해도 공룡뼈라고 생각하는가? 아니, 가만 보면 당신의 식탁 위에도 진짜 뼈가 굴러다니고 있다……. 여러분의 '뼈 탐험'이 그것으로부터 시작될지 모른다.

마치며

"선생님, 저도 직접 사체를 해부해서 뼈 표본을 만들어 보고 싶어요."

미키가 말했다. 대학교 전임교원이 된 지 1년이 조금 지났을 무렵. 비로소 학생들에게서 이런 말이 들려오기 시작했다. 조금 기뻤다.

"저는 닭을 직접 잡아서 먹어 본 적이 있어요."

다른 학생도 끼어들어 대화에 탄력이 붙었다.

"웅, 그런데 닭 모래주머니라는 게 뭐예요?"

"조개껍데기를 먹어서 알껍데기를 만드는 걸까요?"

"아냐. 모래를 먹어서 음식물을 소화시키는 거야."

"그럼 닭은 소화액을 분비하지 않나요?"

또 웃음이 났다. 그 자리에서 모래주머니에 대해 설명해도 좋았겠지만 관두기로 했다.

"모래주머니가 뭔지 확인하기 위해서 닭을 해부해 볼까?"

이왕이면 실제로 몸속을 들여다보며 설명하기로 마음먹었다. 그 과정에서 분명 예상치 못한 말이 튀어나올 것이다. 그런 말이야말로 내게는 자연을 관찰할 때 무엇보다 큰 힌트가 된다.

이 책 속에서도 내가 만난 수많은 학생의 말을 인용했다. 그 말을 한 학생들에게 고맙게 생각한다. 특히 내가 출강했던 NPO 산고샤스콜레는 학생 수가 20여 명에 불과한 작은 학교인데도 내게 수업이란 무엇인가에 대해 끊임없이 고민하는 귀중한 경험을 주었다. 산고샤스콜레는 '학교를 만들자'라는 기치를 내걸고 학생 모두와 수업을 꾸려 나가는 자세를 중요하게 여긴다. 또 휴먼르네상스 연구소가 운영하는 '서당'에서는 여러 초등학생을 만났는데 그중에서 뼈에 관심을 가진 소년들이 나타난 것은 내게 깊은 인상을 주었다. 산고샤스콜레 활동과 더불어 교육의 가능성을 생각하는 기회가 되었다.

이 책을 집필하는 데는 교육 현장에서 만난 사람들 말고도 생물을 좋아하는 내 친구들이 큰 도움을 주었다. 타조와 에뮤를 입수할 수 있도록 도운 야인을 비롯해 평소 이런저런 일의 의논 상대가 되어 주는 스기모토에게 특히 고맙다.

마지막으로 이 책에 멋진 일러스트를 그려 준 니시자와 마키코에게 감사 인사를 전하고 싶다. 그녀는 내가 사이타마의 한 고등학교에서 교사로 일할 때 만난 제자 중 한 명인데 지금은 알 만한 사람은 다 아는 '나니와 뼈뼈단'에서 단장을 맡고 있다. 옛날에 한 솥으로 너구리를 삶던 사람과 책을 만든다는 것은 무엇보다 큰 즐거움이었다. 이런 기회를 주신 출판사, 그리고 편집부에 깊이 감사드린다.

모리구치 미쓰루

주요 참고 도서

■ 골격 표본 만들기에 관한 책

盛口満 · 安田守, 『骨の学校 ぼくらの骨格標本のつくり方』, 木魂社, 2001.

大阪市立自然史博物館編, 『標本の作り方 自然を記録に残そう』, 東海大学出版会, 2007.

松田素子, 『ホネホネたんけんたい』, アリス館, 2008.

■ 새의 진화와 몸 구조에 관한 책

アラン · フェドゥーシア · 黒沢令子 譯, 『鳥の起源と進化』, 平凡社, 2004.

岡本新, 『ニワトリの動物学』, 東京大学出版会, 2001.

■ 공룡에 관한 책

平山廉, 『最新恐竜学』, 平凡社, 1999.

犬塚則久, 『恐竜ホネホネ学』, 日本放送出版会, 2006.

NHK「地球…大進化」プロジェクト編, 『NHKスペシャル地球…大進化 46億年 · 人類への旅（4） 大量絶滅』, 日本放送出版会, 2004.

■ 척추동물의 진화와 몸 구조에 관한 책

遠藤秀紀, 『哺乳類の進化』, 東京大学出版会, 2002.

遠藤秀紀, 『解剖男』, 講談社, 2006.

犬塚則久, 『「退化」の進化学』, 講談社, 2006.

疋田努, 『爬虫類の進化』, 東京大学出版会, 2002.

リチャード · ドーキンス · 垂水…雄二 譯, 『ドーキンスの生命史 祖先の物語 上』, 小学館, 2006.

메 모

하루 한 권, 공룡학

초판 인쇄 2023년 12월 29일
초판 발행 2023년 12월 29일

지은이 모리구치 미쓰루
옮긴이 정혜원
발행인 채종준

출판총괄 박능원
국제업무 채보라
책임편집 구현희 · 김민정
마케팅 조희진
전자책 정담자리

브랜드 드루
주소 경기도 파주시 회동길 230 (문발동)
투고문의 ksibook13@kstudy.com

발행처 한국학술정보(주)
출판신고 2003년 9월 25일 제406-2003-000012호
인쇄 북토리

ISBN 979-11-6983-856-6 04400
979-11-6983-178-9 (세트)

드루는 한국학술정보(주)의 지식 · 교양도서 출판 브랜드입니다.
세상의 모든 지식을 두루두루 모아 독자에게 내보인다는 뜻을 담았습니다.
지적인 호기심을 해결하고 생각에 깊이를 더할 수 있도록, 보다 가치 있는 책을 만들고자 합니다.